빛깔있는 책들 ●●●

277

순천만

글 | 김인철, 장채열 • 사진 | 이돈기

대원사

글 / **김인철**

순천만 서쪽에 위치한 벌교에서 태어나 어린 시절을 갯벌에서 놀면서 자랐고, 대학생 때 순천만 보전 활동에 참여하면서 습지와 철새에 관한 일을 하게 되었다. 조류생태학을 전공하였고, 순천만 자연생태관에서 조류 전문직으로 있었으며, 새와 습지에 대한 연구 조사와 생태 교육 활동을 하고 있다.

글 / **장채열**

청년시절부터 순천 지역에서 건강한 지역사회를 만들기 위한 풀뿌리지방자치와 시민사회 운동을 이끌고 있는 시민사회운동가이며, 순천만 보전운동을 이끌어 온 ㈜전남동부지역사회연구소의 소장으로 일하고 있다.

사진 / **이돈기**

순천 출생으로, 중앙대학교 사진학과를 졸업하고, 『삼성궁』·『선암사』·『강』·『사람의 바다』·『섬진강』·『생명의 땅, 순천만』 등의 책과 사진집을 낸 중견 사진작가이다. 대학 시절과 군복무 기간을 빼고 고스란히 순천에서만 살고 있으며, 사진 작업은 순천만이나 섬진강 등 자연을 찍는 것과 함께 순천의 오래된 건축, 역사적 흔적, 거리, 사람을 기록하고 있다.

차 례

© 서근석

해질녘 가창오리 군무

천혜의 자연 순천만

순천만은 우리나라 남해안 중앙에 위치해 있다. 남북으로 길게 뻗어 있는 여수반도와 고흥반도가 에워싸고 있는 거꾸로 놓인 항아리 모양의 내만(內灣)이다. 만의 내해는 굴곡이 심하며 대여자도와 소여자도, 장도, 해도 등 많은 섬들과 곶 등이 있어 해안선이 매우 복잡하다. 행정 구역상 전라남도 순천시와 보성군, 고흥군, 여수시에 걸쳐 있다.

이 만은 '순천만(順天灣)' 또는 '여자만(汝自灣)'이라고 불리는데, 어떤 지도상에는 고흥반도와 여수반도 사이의 전체 바다를 '여자만'이라고 표기하기도 하고 또는 '순천만'으로 기록하기도 하는데, 어디까지가 여자만이고 어디서부터는 순천만인지의 경계는 명확하게 그어져 있지 않다.

보통 이 지역 사람들은 행정적으로 순천시에 속하는 인안동과 대대동, 해룡면 선학리와 상내리, 별량면 우산리, 학산리, 무풍리, 마산리, 구룡리의 해수면으로 이어지는 작은 만과 갯벌 지역을 '순천만'이라 부른다.

여자만은 이 만의 중앙에 위치한 섬 이름인 여자도(汝自島)에서 유래된 명칭으로, 인근 고흥과 여수에 둘러싸인 남쪽 해역을 북쪽 해수면의 순천만과 구분하여 부르기도 한다. 두 이름 다 1961년 건설부 지명위원회에 등록되어 국립지리원 지형도에 '순천만', '여자만'으로 함께 표기되어 있다.

봉화산에서 바라본 순천만 전경. 와온마을과 똥섬이 보인다.

바다와 이어지는 산과 들이 있고, 갈대숲 사이로 강물이 흐르며, 연안을 따라 텃골마다 마을을 끼고 있는 순천만의 풍경은 서남해안의 다른 갯벌의 정취와는 사뭇 다르다. 강 하구와 갈대밭·염습지·갯벌·섬 등 다양한 지형 경관을 가지고 있고, 그 주변 육지에는 간척지 논과 염전·갯마을·양식장·옛 염전터·낮은 구릉·야산 등이 소담스럽게 펼쳐져 있다. 사각 모양의 해역에는 장도와 사기도, 장구도 등의 섬들이 있다.

순천만은 그리 크지 않은 한 지역에서 생태계형의 다양성(Ecosystem diversity)과 생물 서식지의 다양성(Habitate diversity)을 모두 느낄 수 있는 곳이다. 하구와 갯벌, 염습지, 갈대밭 등 서로 다른 자연 공간들이 자연스럽게 하천과 갯벌, 염습지로 이어져 여러 생물종이 어우러진 하나의 생태계를 형성하고 있다.

순천만 갯벌의 성분은 대부분 고운 점토와 실트로 구성된 펄개펄이다. 갯벌과 하구 지역에 퇴적되는 물질은 입도가 작고 균일하며 유량이 안정적으로 공급되고 있어 갯골의 곡류도가 높다. 이런 까닭에 사행이 잘 되는 조건을 갖추고 있어 S 자형의 갯강이 발달하였다.

순천만은 S 자형의 갯강이 발달하였고 자갈이 거의 없는 양질의 점토류 갯벌로 이루어져 있다.

흘러드는 물줄기는 크게 동편에는 동천과 이사천·해룡천, 서편에는 벌교천
이 대표적이다. 이사천과 동천은 각각 34㎞(유역 면적 137.7㎢), 27㎞(유역 면적
194.6㎢)로, 남해안에서는 규모가 비교적 큰 하천이다. 그 유역의 대부분이 편마
암으로 이루어져 있어 자갈이 거의 없는 많은 양의 점토와 실트 중심의 미립 물
질을 순천만으로 끊임없이 공급하고 있다. 안정된 유량과 많은 미립질 물질 공
급이 많아 남해안의 다른 지역에 비해 규모가 큰 갯벌이 발달하였다.

바다를 낀 해안선은 쉼 없이 변한다. 육지면은 단기간에는 변화를 찾기 어려
우나 해면은 조석·파랑·기압 등의 영향을 받으면서 주기적으로 혹은 부정기
적으로 오르내리므로 해안선은 일정한 선이 아니며 부단히 이동한다.

1990년대 초, 동천 하구와 갈대밭 풍경

순천만에 사는 수달. 동천 하구와 갯벌가에서 어렵지 않게 수달의 발자국과 똥을 찾을 수 있다.

여자만의 섬들. 호수처럼 잔잔한 내만에는 크고 작은 섬들이 많다.

매년 조금씩 갈대밭이 넓어지고 있다.

순천만은 만의 입구가 개방되어 있는 서해안과는 달리, 동쪽에는 여수반도의 공진갑(岬, 곶)과 서쪽에는 고흥반도의 말단부인 용바위가 깊은 바다까지 돌출하여 바람과 파도를 막아주고, 만 내에는 다도해 물목답게 섬이 많다. 폐쇄형의 만입(灣入)형으로, 입구가 좁고 내부가 넓어 내부에서 공급되는 물질은 외부로 이동하기 어렵고, 외부에서 공급되는 물질도 내부로 이동하기 어려운 형상이다. 이로 인해 외해로부터의 물질 흐름이 제한된 가운데 안쪽에서는 이사천·동천 유역의 배후 편마암 산지에서 공급되는 물질이 퇴적되기 쉬운 환경을 지니고 있다.

1918년(일제 육지 측량부 제작)과 2002년의 갯벌퇴적상 지도를 비교해 보면 그간의 상당한 간척사업에도 불구하고 만의 서부와 북부인 순천시 권역과 벌교 지역 갯벌의 면적이 상당히 확장되었음을 알 수 있다.

이처럼 순천만은 큰 바다로부터 조류 흐름이 매우 약하게 닿는 지형으로, 만의 서북부에는 아직도 아주 작은 알갱이의 퇴적물이 먼 바다로 흘러가지 않고 해안 가까이에서 집적되어 갯벌이 점점 확장되고 있다.

특히 1991년 주암조절지댐(일명 '상사댐')의 축조 이후에는 홍수에 의해 강 하구 양안의 미립 물질이 일시에 바다로 쏠려나가는 제거현상(Flushing effect)이 중단되고 오히려 바닷물의 흐름에 의한 퇴적이 더욱 활발하게 되었다. 또한 댐의 지속적인 발전 방류로 수위의 계절적 변화가 거의 나타나지 않고 일정한 양의 담수가 쉴 새 없이 흘러들어 전체적으로 갯강의 소금기는 감소하였다. 이에 따라 친담수성 염생식물인 갈대가 번식하는 환경으로 변하였다.

하천의 반 짠물 지역인 기수(汽水) 지역과 하구 갯벌에 이르는 갈대 군락지는 매년 조금씩 넓어지고 있다. 갈대 군락은 매년 동남쪽, 서남쪽 방향으로 서서히 남하하면서 확장되는 추세이다.

순천만의 역사

우리나라는 삼면이 바다로 둘러싸여 있고 황해안과 남해안·동해안이 서로 그 형성 기원이 달라 해안선의 복잡성, 수심 변화, 밀물과 썰물의 시각, 파랑의 크기가 서로 매우 다르다. 이러한 복잡한 지형과 수력학적 특성의 차이로 한반도 주변 연안에 다양한 형태의 연안 습지가 생겨났고, 특히 서해안과 남해안은 조석의 힘이 크게 작용하여 매우 넓은 갯벌이 발달하였다.

그 중 순천만의 태동은 지금으로부터 8000년 전으로 거슬러간다. 지질학자들의 연구에 의하면, 지구상의 마지막 빙하기가 끝나고 해수면의 높이가 160m쯤 높아지면서 우리나라의 서해가 육지에서 바다로 변하고 한반도의 모양도 지금의 형태로 변하였다고 한다. 이때 기수 지역으로 바뀐 순천만은 강물을 따라 유입된 토사와 유기물 등이 바닷물의 조수 작용으로 인하여 오랜 세월 동안 퇴적되어 왔고, 그 결과 지금의 넓은 갯벌이 형성된 것으로 추정된다.

순천만은 우리 조상들의 역사에서도 그 모습을 찾아볼 수 있다. 백제 시대에는 지금의 통천·오림·홍두·홍내·안풍·대대마을 등지가 광활한 갯벌과 모래벌판으로 되어 있어 이 일대의 벌판을 '사평' 또는 '모새들'이라 불렀다. 순천의 옛 지명이 '사평'과 음이 통하는 '삽평군', 혹은 '사평(沙平, 武平)'으로 불려왔다는 기록과 또 대대벌을 내려다보는 홍내동의 뒷산에 당시 순천의 중심 호족이었던 박영규 장군이 해룡성을 축조하고 기거하였다는 문헌으로 볼 때, 삼국 시대부터 고려 초기까지는 순천 지역의 중심을 이루는 치소(治所)가 순천만 하구 일대였음을 짐작할 수 있다.

또 고려 시대에 조운선이 정박했던 '조양포'라는 포구가 홍두 지역에 있었고, 조선 시대에는 곡물을 저장하여 임금께 진상하는 해창(海倉)이 지금의 해룡

가을걷이가 끝난 순천만 들녘. 지금은 탐조대로 바뀐 옛 식당 건물이 제방 아래에 보인다.

뜰에 있었다는 기록으로 보아 순천만 하구는 삼국 시대부터 조선조까지 활발한 해상 교통지로써 기능을 담당하였다.

일제 강점기에 이르러 지금까지 순천만의 많은 갯벌이 간척되어 없어졌다. 홍두는 예전에는 갯벌이었으나 간척을 통해 들로 바뀐 곳이다. 대대마을 앞의 인안들과 중원들 역시 이전에는 갯벌이었으나 일본인에 의해 간척되어 들로 바뀌었다.

1962년, 순천 지역의 대홍수 피해 이후 방조제 공사가 본격화되어 이사천과 동천의 충적지, 범람원 습지, 해안 습지 들은 농사를 짓기 위한 농경지로 개간되거나 간척되었다. 인안방조제도 이 무렵인 1968년부터 1975년까지 축조된 것으로, 1990년대 초 개보수 보강 공사를 거쳤다.

1980년대 이후 시행된 동천 일부 구간의 물길 변경과 직강화로 현재의 하천과 농경지·하구의 형태가 만들어졌고, 1991년 이사천 상류에 축조된 댐에 의한 하천의 수문학적 변화로 넓은 갈대밭과 염습지 등이 나타났다.

1960년대 순천만 하구의 항
공 사진. 전형적인 사행천의
모습을 볼 수 있다. ⓒ 순천시

하늘에서 내려다본
순천만 전경

생명의 소용돌이 순천만

습지는 육상과 수중 생태계를 연결하는 크고 작은 온갖 생물들이 서식하여 '생명의 소용돌이'라고 부른다.

연안 습지인 갯벌은, 알려진 바로는 지구상 생물의 약 20%가 서식하는 생물 다양성의 보고이다. 특히 순천만과 같은 강 하구역의 갯벌은 도시에서 버려진 모든 폐기물을 가장 먼저 받아들이는 곳으로, 마치 '자연의 정화조'처럼 생물학적인 순환 기능이 탁월하여 인체의 콩팥에 비유되기도 한다. 그러나 한때 습지는 모기나 파리 등이 들끓고 악취가 나기 때문에 버려진 땅, 제거해야 하는 곳으로 인식되기도 하였다. 20세기에 이르러 우리나라 서남해안의 많은 갯벌 습지가 염전이나 농토로 간척되거나 매립되었으며, 외국에서도 이러한 부정적 인식 때문에 상당한 면적의 습지가 파괴되었다.

자연의 정화조 순천만. 순천은 2000년 초에 이르러 하수종말처리 시설이 운영되었지만 순천만은 훌륭한 자연의 정화조로써 그 역할을 이미 수행하고 있었다.

그러나 최근에는 습지의 보전이 매립과 개발보다 경제적으로나 생태학적으로 훨씬 더 많은 이득을 가져다 준다는 사실이 밝혀지고 있다. 지난 20여 년간의 자연보전운동으로 지킬 수 있었던 순천만은 인간과 자연이 공생하며 지역의 브랜드화와 발전을 이끌었고, 대한민국을 대표하는 생태 관광 명소로 매년 많은 방문객이 찾고 있다.

람사르 습지 순천만

순천만은 흑두루미를 비롯하여 저어새, 검은머리갈매기 등 멸종 위기 조류와 갯벌 저서생물, 염생식물 등 다양한 생물종이 풍부하여 국제적으로 중요한 생물 서식지로 그 가치가 인정되고 있는 곳이다.

순천만 연안 지역은 1982년부터 수산자원 보전지로 지정되어 관리되고 있으며, 2003년 12월 31일 해양수산부 갯벌 습지 보호 지역 제3호로 지정 고시되었다. 정식 명칭은 '순천만 갯벌 습지 보호 지역'이며, 면적은 28㎢이다. 그리고 같은 날, 인접한 보성군 벌교읍 호동·장양·영등 일원 지역의 갯벌도 '보성 벌교 갯벌 습지 보호 지역'으로 지정 고시되었다.

연안 습지로서는 국내 최초로 순천만 갯벌과 보성·벌교 갯벌이 '순천만', 영문으로 'Suncheon Bay'라는 이름으로 2006년 1월 20일 람사르 사이트(람사르 협약, 물새 서식지로서 국제적으로 중요한 습지 보전에 관한 국제 협약)에 함께 등재되었다. 또한 순천만이 지닌 아름다운 풍경을 인정받아 2008년 6월 16일 국가지정 문화재 명승 41호(문화재청)로 지정되었다. 순천만 주변은 무분별한 개발 행위를 막고, 자연경관 유지와 생물종의 다양성 유지를 위해 주변의 농경지 773ha를 생태계 보존 지구로 지정하여 관리하고 있다.

갈대숲 탐방로

순천만 람사르 습지(국가지정문화재 명승 41호)

순천만 갯벌 보호 구역 지정 현황

지정 현황	행정 구역	면적	지정일	지정 고시
순천만 갯벌 습지 보호 지역	순천시 별량 · 해룡 · 도사동 일원	28㎢	2003년 12월 31일	해양수산부
보성 · 벌교 갯벌 습지 보호 지역	보성군 호동 · 장양 · 영등 일원	10.3㎢	2003년 12월 31일	해양수산부
Suncheon Bay Ramsar Site	순천시, 보성군 연안 지역	38.3㎢	2006년 01월 20일	람사르 협약

생산성 높은 청정 갯벌

순천만을 포함한 우리나라의 서남해안의 갯벌은 캐나다 동부, 미국의 동부, 아마존 하구, 유럽의 북해 연안과 더불어 세계 5대 갯벌의 하나로 손꼽히고 있다.

순천만의 전체 갯벌의 면적은 22.6㎢에 달하며, 바닷물이 빠져나간 간조 때에 드러나는 갯벌의 총면적만도 12㎢나 된다. 행정 구역상의 해수역 면적으로는 75㎢에 달하는 매우 넓은 지역이다.

갯벌의 퇴적상은 전체적으로 모래가 7% 이하이고 주로 실트와 점토로 구성된, 수분이 많고 입자가 고와 푹푹 빠지는 균일한 진흙토로 이루어진 니질(泥質)의 '펄개펄'이다. 이렇게 진흙질의 펄개펄은 모래로 이루어진 갯벌보다 유기물 함량이 우수하여 갯벌의 생산성이 매우 높다. 전국에서 최초로 새꼬막 종패의 채묘와 양식이 순천만과 벌교 갯벌에서 시작되었으며, 최근에 인공 종패 양식에 성공한 가리맛조개도 2011년 가을, 순천만 용두리 갯벌에 처음으로 시험 살포되었다. 청정 갯벌에서만 사는 짱뚱어도 연안 오염과 개발로 인하여 최근에는 개체수가 많이 줄어들었지만 꾸준히 관찰되고 있다.

용두마을 포구에서 맛조개를 씻는 주민

다양한 생물이 사는 순천만의 펄개펄

잘 보전된 갈대 군락과 염습지

육상과 바다의 경계인 해안 하구에서 갈대는 자연스럽게 군락을 이루어 수질 정화와 폐기물 처리, 부영양화를 억제하는 환경 정화 기능을 맡아왔다. 그러나 지나친 하구역의 개발로 다른 지역의 갈대 군락은 이미 많이 훼손된 반면, 순천만의 갈대 군락은 오히려 확장되고 넓혀지고 있다.

갈대는 몸체와 줄기에 부착된 생물이 영양염류를 흡수하고, 퇴적물 속 뿌리에서 미생물이 질산염을 대기 중의 질소로 바꾸는 탈질(脫窒) 작용을 하는 등 다양한 생물적 여과 기능을 수행한다.

대표적인 바다 오염 현상인 적조 현상이 순천만에서는 아직까지 나타나지 않는 것처럼 갈대는 천연의 하수종말처리장 역할을 톡톡히 하고 있으며, 해일과 홍수 조절의 기능도 가지고 있다. 또한 물새들에게는 찬 바람을 막아주고 안정감을 주는 휴식 공간으로 이용되기도 하고, 갯벌 저서생물과 어패류의 서식 환경을 보호하는 역할도 한다.

붉은 빛깔의 칠면초 군락지는 갈대와 더불어 순천만 습지를 더욱 곱게 빛내고 있다. 동천이 바다로 향하는 갯강 주변과 학산리·농주리·벌교의 대포리 갯벌의 칠면초 서식지는 남해안에서는 보기 드물게 넓은 면적의 군락을 이루고 있다.

이 밖에도 순천만에는 해홍나물, 나문재, 갯잔디 등 염생식물을 비롯하여 총 36과 92속 116종의 식물들이 염생 습지와 육상부에 분포하여 순천만 습지의 종 다양성을 뽐내고 있다.

장산마을 갯벌과 칠면초 군락지

퉁퉁마디와 갯개미취

염습지에서 자라는 칠면초

희귀 조류의 서식지

순천만에서 관찰되는 조류는 총 230여 종이며, 연간 10만여 마리가 관찰된다. 하천의 기수역과 염습지, 넓은 갈대밭, 갯벌 등의 다양한 서식 환경과 뻘층이 깊어 분해성 미생물의 유기물 분해 능력이 뛰어나고 유기영양분이 풍부한 갯벌이 여러 종류의 철새들에게 일시에 많은 양의 먹이를 공급할 수 있기 때문이다.

순천만은 전 세계적으로 1만 마리 정도 남아 있는 것으로 추정되는 흑두루미가 우리나라에서는 유일하게 겨울을 나는 정기적인 월동지로 유명하다. 또한 8000마리 정도가 생존하는 것으로 추정되는 희귀 조류인 검은머리갈매기의 8%가 넘는 개체수가 찾아오고 있으며, 저어새 · 알락꼬리마도요 · 청다리도요사촌 · 재두루미 · 독수리 · 개리 등 멸종 위기종의 철새들이 순천만에서 관찰되고 있다.

특히 봄가을에는 민물도요, 알락꼬리마도요, 중부리도요, 청다리도요, 검은머리물떼새, 흰물떼새 등 국제적으로 이동하는 도요물떼새들이 순천만을 경유한다. 이들은 남반구에 위치한 비번식지 호주 · 뉴질랜드 · 동아시아를 출발해 시베리아 · 북만주의 번식지로 오고가는 중간 기착지로 순천만에 찾아와 먹이를 보충하고 휴식 활동으로 에너지를 재충전하여 목적지로 떠나는 나그네새들이다.

최근까지 순천만에서 관찰 기록된 조류 중 멸종 위기종 및 법적 보호종 등 세계적 희귀 조류는 총 42종이었다. 그 중 환경부가 지정한 멸종 위기종은 32종(I급 6종, II급 26종), 천연기념물은 24종이었고, 국제자연보전연맹(ICUN)의 적색 목록에 등재된 종은 13종이며 CITES 목록은 28종이다. 국제적으로 희귀한 멸종 위기종 및 법적 보호종은 도요물떼새와 일부 맹금류 등을 제외하면 대

복원한 습지에서 먹이를 찾고 있는 노랑부리저어새 무리들

흑두루미 가족

재두루미

독수리

부분 겨울철새들이다. 이 세계적으로 희귀한 멸종 위기 조류들도 순천만의 천연성에 기대어 살아가고 있다.

조류는 주로 서식하는 자연환경과 취하는 먹잇감의 습성에 따라 부리와 발가락, 날개의 생김새가 각각 다르게 여러 종으로 진화하여 왔고, 자연을 평가하는 지표로 활용되고 있다. 따라서 순천만에 다양한 종의 조류가 서식 또는 월동하거나 거쳐서 가는 것은 이 곳의 갯벌과 염습지, 하천의 기수역 등이 천혜의 자연환경과 생산력이 높은 우수한 생태계라는 사실을 보여 주는 것이다.

순천만의 희귀 조류 목록

No.	종 명	학 명	IUCN	CITES	M.E	N.M
1	노랑부리백로	Egretta europhotes	VU		●	○
2	황새	Ciconia boyciana	EN	○	●	○
3	노랑부리저어새	Platalea leucorodia		○	□	○
4	저어새	Platalea minor	EN		●	○
5	큰고니	Cygnus cygnus			□	○
6	개리	Anser cygnoides	EN		□	○
7	큰기러기	Anser fabalis			□	
8	원앙	Aix galericulata				○
9	가창오리	Anas formosa		○		
10	물수리	Pandion haliaetus		○	□	
11	솔개	Milvus migrans		○	□	
12	흰꼬리수리	Haliaeetus albicilla		○	●	○
13	독수리	Aegypius monachus		○	□	○
14	잿빛개구리매	Circus cyaneus		○	□	
15	붉은배새매	Accipiter sloensis		○	□	○
16	조롱이	Accipiter gularis		○	□	
17	새매	Accipiter nisus		○	□	○
18	참매	Accipiter gentilis		○	□	○
19	말똥가리	Buteo buteo		○		
20	털발말똥가리	Buteo lagopus		○	□	
21	큰말똥가리	Buteo hemilasius		○	□	
22	황조롱이	Falco tinnunculus		○		○
23	쇠황조롱이	Falco columbarius		○	□	
24	매	Falco peregrinus		○	●	○
25	시베리아흰두루미	Grus leucogeranus	CR	○	□	

No.	종 명	학 명	IUCN	CITES	M.E	N.M
26	재두루미	Grus vipio	VU	○	□	○
27	검은목두루미	Grus grus		○	□	○
28	흑두루미	Grus monacha	VU	○	□	○
29	호사도요	Rostratula benghalensis				○
30	검은머리물떼새	Haematopus ostralegus			□	○
31	흰목물떼새	Charadrius placidus			□	
32	알락꼬리마도요	Numenius madagascariensis	VU		□	
33	마도요	Numenius arquata	NT			
34	청다리도요사촌	Tringa guttifer	EN	○	●	
35	검은머리갈매기	Larus saundersi	VU		□	
36	고대갈매기	Larus relictus	VU	○	□	
37	소쩍새	Otus scops		○		○
38	수리부엉이	Bubo bubo		○	□	○
39	솔부엉이	Ninox scutulata		○		○
40	쇠부엉이	Asio flammeus		○		○
41	칡부엉이	Asio otus				○
42	긴꼬리딱새	Terpsiphone atrocaudata	NT		□	
	합계(42종)		13	28	32	24

IUCN : IUCN 적색 목록종(CR: 심각한 멸종 위기종 Critically endangered species, EN: 멸종 위기종 endangered, VU: 취약종 vulnerable, NT : 멸종 우려 근접종 Near threatened)
CITES : Species in the Annexes of CITES(국제 야생 동식물 멸종 위기종 거래에 관한 조약)
M.E : 환경부 지정 멸종 위기종(● : 1급, □ : 2급)
N.M : 천연기념물

순천만의 자연

가장 한국적인 풍경 순천만

순천만은 너무나 익숙하면서도 늘 그리워했던 정겨운 고향과도 같은 풍경이며 자연이다. 야트막한 산 아래 옹기종기 모여 있는 마을과 그 앞에 넓은 들, 들 사이를 구불구불 흘러가는 강, 하루에 두 번씩 바닷물이 들고 나는 갯벌, 바다만큼이나 넓은 갈대밭, 그리고 멀리 보이는 섬과 산들. 이처럼 한눈에 이 모든 풍경을 만나기는 쉽지 않다. 동천 하구의 갈대밭 보존운동 초기 생태계 조사를 위해 수차례 방문했던 김수일 교수는 제1회 순천만갈대제 학술심포지엄에서 "…신대륙의 바닷가를 다 돌아보았어도, 요즘 우리나라 해안 곳곳을 다 돌아보았어도 그랬다. 여기처럼 정겨운 모양새를 가진 산과 들, 그리고 하천과 바다를 보았던 기억이 없다……."라며 이야기를 시작했다. 유홍준 교수의 『나의 문화유산 답사기 6』 「인생도처유상수(人生到處有上手)」에도 이와 비슷한 이야기가 있

앵무산에 오르면 산과 바다, 들과 강이 있는 아름다운 순천만 풍경이 한눈에 들어온다.

다. 미국인 캐서린 같은 서양인의 눈을 빌려 우리나라의 자연을 이야기하는데, "…나는 여러 나라를 여행해 보았지만 지금처럼 산과 들과 마을과 강이 한 프레임 안에 들어오는 풍광이 있으리라고는 상상하지 못했습니다……." 대륙의 장대한 풍경은 없지만 다양한 지형 경관들의 정겹고 조화로운 모습은 이방인의 눈에 생경했을 것이다. 하지만 우리에게는 너무나 익숙한 한국적인 풍경이다.

장산마을 옛 염전 풍경

서남해안에 펼쳐진 크고 작은 갯벌 중에서도 산과 들이 있고 강과 갈대밭이 있고 마을도 있지만, 순천만의 풍경은 다른 지역의 갯벌과 사뭇 다르다. 하구와 갯벌, 염습지, 갈대밭 등의 규모는 각각의 생태계형(Ecosystem Type)으로 볼 때 광활한 편은 아니지만 순천만을 구성하는 다양한 자연 공간들은 자연스럽게 구성되어 있다. 가장 한국적인 풍경들이 모여 있는 곳이 순천만이다. 이러한 천혜의 다양한 지형들은 생물 다양성에 중대한 영향을 미친다.

새벽녘, 출항하는 어부들

짱뚱어잡이

대갱이 말리기

갯벌에서 갓 잡아온 찔기미(칠게를 일컫는 지역 사투리)를 씻고 있다.

꼬막 채묘를 위한 그물더미

S 자 갯강과 원형 갈대밭

순천만의 발달한 넓은 갯벌은 서해안의 갯벌을 연상케 하지만 그 특성은 서해안과는 다른 모습을 보인다. 만의 입구가 개방되어 있는 서해안과는 달리, 순천만은 고흥반도와 여수반도의 말단부가 만의 입구를 막고 있는 형상의 폐쇄형 만(灣)으로, 입구가 좁고 내부가 넓은 거꾸로 놓여진 '호리병'과 같은 모습을 띠고 있다.

폐쇄형 만과 유량이 비교적 풍부한 하천들의 조합은 지금의 독특한 순천만의 풍경들을 만들어 냈다. 순천만 갯벌과 하구 지역은 퇴적되는 물질의 크기가 매우 작고 균일하며 유량이 안정적으로 공급되고 있어 하천이나 갯골이 뱀처럼 구불구불 사행하는 좋은 조건을 갖추고 있다. '순천만' 하면 떠오르는 'S 자 갯

S 자 갯강과 원형 갈대밭

강'과 육지부에서 흘러나오는 물길들이 만들어 내는 크고 작은 곡류들은 물에 투영되는 빛의 색깔과 조위, 계절의 변화에 따라 아름다운 구성미를 보여 사진을 찍는 이들의 작품 소재가 되고 있다.

그리고, 또 하나의 독특한 풍경은 원형 갈대밭이다. 비행기에서 내려다보거나 용산전망대에 올라 순천만을 보면 갈대밭은 누군가 정성들여 만든 것처럼 원형의 독특한 모양을 하고 있다. 잔잔한 호수의 파문이 퍼져 나가다가 시간을 멈춰 그 모양에 따라 갈대를 심은 것처럼 말이다. 갈대의 번식은 뿌리의 일부나 씨앗이 바닷물에 떠돌다가 잘 자랄 수 있는 곳에 도착하면 뿌리를 내려 성장하고, 갈대 뿌리가 땅 속에서 자라면서 점점 번식하게 된다. 대개 육지부와 제방 가장자리나 하천을 따라 자라기 마련인데, 순천만은 누군가 갈대 군락에서 똑 떼어 심어놓은 것처럼 보인다. 순천만 풍경 사진을 한번쯤 봤거나 용산전망대

를 다녀온 사람이라면 누구든지 궁금해하는 부분이다. 하지만 대답을 내놓기는 쉽지 않다.

항공 사진이나 인공위성 영상을 보면 물길을 제외한 대부분이 갯벌로 평평하게 채워져 있어 보인다. 그러나 세부적인 갯벌의 모습을 살펴보면 부분적으로 언덕같이 퇴적된 지역이 관찰된다. 드문드문 섬처럼 보이는 크고 작은 갈대밭과 칠면초 군락지들은 갯벌 표면이 수평적으로 고르지 않고 울퉁불퉁함을 말해 주는 예이다. 편마암을 유역 분지로 하는 이사천과 동천 하구의 갯벌은 미립 물질을 포함한 물질 공급량이 많아 퇴적 조건이 양호한 곳에 우선적으로 퇴적되고, 이러한 과정을 통해 갯벌 표면에 기복이 생겨나게 된 것이다. 게다가 폐쇄형 만의 특성상 하천을 통해 공급된 물질이 멀리까지 이동하지 못하고 내부적으로만 조류 작용에 의해 다시 연안으로 밀려와 쌓이면서 하구를 중심으로 부분적인 성장 패턴을 나타낸다. 게다가 조류가 범람할 때 해수에 포함되어 있는 부유물들이 식생에 의해 포획되어 퇴적이 활발하게 일어날 수 있는 환경으로 변화되었다.

최근 순천만의 해수 유동 관측 자료를 토대로 수치 모델을 이용해 유동 패턴을 분석한 결과, 조석에 의한 해수의 승강 운동으로 만조시에 순천만 하구역에서 담수와 해수가 혼합하여 유속이 작은 와류가 형성되는 것을 확인하였다. 이러한 갯벌의 퇴적 환경은 부분적으로 갯벌의 고도를 높게 되었고, 식물이 자랄 수 있는 조건을 만들어 줬다.

순천만의 독특한 원형 갈대밭은 순천만의 독특한 퇴적상과 수문 환경, 하구역의 와류 현상 등이 오랜 시간 복합적으로 작용한 것으로 추정된다. 2000년대 초만 하더라도 보름달처럼 둥글던 갈대밭들이 10여 년이 지난 지금은 그 원이 성장하여 서로 붙고 이어져 다른 모습으로 변화하고 있다.

1990년대 순천만. 원형 갈대밭이 차츰 서로 붙고 이어져 다른 모습으로 변화하고 있다.

생명의 보금자리 갈대밭

동천과 이사천이 만나는 지점에서 시작되어 순천만에 이르기까지 10리 길 갈대밭. 바람이 부는 날, 갈대밭에 서면 사람들은 갈대 바람이 된다. 뿌리 깊어 흔들려도 다시 일어나고, 잘리어도 새순 돋는 갈대에 상한 영혼마저 정화시킨다. 봄철 파릇한 새순에서 무더운 계절을 이겨내고, 가을날 아침 안개에 자신을 성숙시킨다. 마침내 겨울이 되어야 하늘을 향해 하얗게 꽃피우는 순천만 갈대. 이듬해 자라는 어린 새순이 기댈 수 있도록 야윈 제 몸 쉬 눕히지 않는 갈대가 순천만에 있다.

대대포구에서 갈대밭을 지나 용산전망대에 오르면 시원스런 풍경이 눈앞에 펼쳐진다. 남쪽 바다를 향하는 부드러운 곡선의 물길과 광활한 갯벌 위에 자란 신기한 원형의 갈대밭, 아득한 먼 곳의 둥근 산들이 첩첩이 자리 잡아 세상 어디에서도 볼 수 없는 풍경을 만든다. 한차례 바람이라도 불면 바람길을 따라 흐르는 갈대밭은 황홀하기만 하다. 초겨울이면 갈대꽃이 한껏 솜처럼 부풀어 올라 참새 입김에도 떨어지는 때이다. 용산 너머 앵무산 산마루 위로 해가 떠올라 햇살이 산을 넘어 갈대밭에 내려올 때면 갈대꽃은 햇솜이 된다. 아침햇살 머금은 갈대꽃은 한바탕 바람이 세차게 불어오면 하늘 높이 올랐다 눈처럼 내려온다. 해 뜨는 이른 아침에만 잠깐 볼 수 있는 진풍경이다.

갈대 새순

밀물 때 갈대숲 사이로 바닷물이 들어온 순천만. 갈대숲은 생명의 보금자리이다. ⓒ 김남석

5월의 갈대숲은 초록으로 물결친다.

　갈대는 사계절 아름다운 모습으로 사람들에게 힐링을 한다. 또한 환경과 더불어 사는 뭇 생명들에게도 귀한 존재이다. 여러해살이 물가 식물로 강가, 바닷가의 습지에서 자란다. 오염 물질을 걸러 주고 정화시켜 주는 능력이 뛰어난 것으로 알려져 있다.

　갈대잎은 붉은발말똥게와 가지게, 말똥게 등의 먹이가 되거나 마르고 잘게 부서져 짱뚱어, 갯지렁이 등 갯벌 생물의 먹이인 테트리터스(유기쇄설물)가 되어 먹이그물을 통해 순환한다. 넓은 갈대밭은 흰뺨검둥오리, 쇠오리 같은 물오리와 덤불해오라기, 알락해오라기, 흰눈썹뜸부기, 개개비, 붉은머리오목눈이, 참새, 멧새류, 너구리, 수달 등 다양한 야생 동물들이 살아가는 보금자리이다.

붉은머리오목눈이

잿빛개구리매

갯벌이 만든 꽃밭

하루에 두 번씩 바닷물이 들고 나면서 생겨나는 바닷가의 너른 벌판이 갯벌이다. 주기적으로 반복되는 밀물과 썰물로 바다가 되기도 하고, 육지가 되기도 하는 곳이다. 갯벌은 소금기가 있어 식물이 자라지 않는다. 하지만 육지와 가까운 상조간대의 갯벌은 염분 농도가 비교적 낮아 칠면초, 나문재, 퉁퉁마디와 같은 염생식물(Halophyte)이 자란다. 가을이면 이 곳에 자라는 붉은색 칠면초 군락과 황금빛 갈대의 물결, 검은 갯벌이 만나 신비로운 풍경을 만들어 낸다.

염생식물은 염분 농도가 높은 땅에 잘 적응하여 살면서 이와 관련된 독특한 생김새와 몸속 염분을 제거하기 위한 생리적 기작을 가지고 있는 식물을 말한다. 이들이 자라는 곳을 '염습지'라고 한다. 염생식물들은 소금기가 있는 갯벌에서 자라나 육지식물과는 모양과 색깔이 다르다. 물리적으로 취약한 환경에 적응하여 살다 보니 높은 염분 농도와 강한 일조량 등에 견딜 수 있는 생존 전략을 통해 특이한 형태를 갖추게 되었다.

순천만의 대표적인 염생식물인 칠면초는 1년 동안 일곱 번 색깔이 변한다 하여 이름 지어진 풀로, 처음에는 녹색이지만 점차 홍자색으로 변한다. 잎은 솔잎처럼 침형이나 방망이처럼 도톰하다. 이를 끊어서 맛을 보면 짠맛이 난다.

순천만에는 30여 종 이상의 염생식물이 기록되어 있고, 갈대(*Phragmites communis*)와 칠면초(*Suaeda japonica*) · 새섬매자기(*Scirpus planiculmis*) · 해홍나물(*Suaeda maritima*) · 천일사초(*Carex scabrifolia*) · 기수초(*Suaeda malacosperma*) · 순비기나무(*Vitex rotundifolia*) 등 많은 염생식물 군락이 관찰된다. 이들 중 갈대 군락과 칠면초 군락이 대부분을 차지한다. 수직적으로 보면 칠면초 군락이 갈대 군락보다 아래에 위치하고 있다. 갈대 군락은 바닷물이 거슬러올라가는 동천과 이사천이 합류하는 지점부터 하천을 따라 양안에 넓게 분포하고 있

염습지에서 자라는 칠면초와 퉁퉁마디, 나문재

다. 칠면초 군락은 동천 하구 갯벌의 동쪽 농주마을과 서쪽 장산마을 앞 갯벌에 넓게 분포해 용산전망대에서 보면 여름부터 늦은 가을까지 붉은색으로 보인다.

갯벌의 상조간대에 위치한 염습지는 육상 생태계와 해양 생태계의 중간 지대로, 육지와 바다를 이어 주는 매우 중요한 생태계이며, 육지로부터 유입되는 각종 오염 물질을 걸러 주고 정화하는 기능과 다양한 생물들의 서식처를 제공하는 역할을 한다. 바닷물의 높이가 높은 보름이나 그믐 전후 사리 때면 도요물떼새 무리들이 바닷물을 피해 안전하게 휴식하는 곳이다. 도요물떼새들은 오리나 갈매기처럼 물 위에 떠 있을 수 없는 새이기에 만조 때마다 안전한 피난처가 필요하다.

염습지는 생태·환경적 기능에서나 가치 면에서 매우 중요하나 우리나라에서는 습지의 체계적인 관리는 고사하고 오히려 쉽게 파괴의 대상이 되고 있다. 순천만과 같은 천혜의 염습지 가치가 더욱 소중해지는 이유가 여기에 있다. 최근 순천시에서는 근처 양식장을 갯벌로 복원하면서 더 넓은 염습지가 형성될 수 있도록 했다.

순천만의 갯벌 생물

갯벌 표면에 마치 누군가 흩뿌려 놓은 것처럼 무수한 흙덩어리가 떨어져 있는 것을 볼 수 있는데, 이는 갯지렁이와 게가 구멍을 파거나 개흙에 묻은 유기물을 먹고 버린 흔적들이다. 낯선 방문자의 낌새를 먼저 알아차린 갯벌 생물들의 숨바꼭질. 잠시 명상하듯 그 흔적을 응시하고 있으면 시나브로 하나둘 제 모습을 드러낸다. 쉴 새 없이 개흙을 입으로 퍼담는 칠게와 구멍에서 기어나오는 갯지렁이, 짱뚱어 등등 갯벌은 어느새 수많은 생명들로 가득 채워진다.

순천만의 갯벌은 한·일 갯벌 학자들 사이에는 건강한 갯벌의 표본 지역(Reference Site)으로 소개되고 있다. 순천만과 유사한 갯벌 지형과 생물상을 가지고 있는 일본 아리아케 만 이사하야 갯벌과 비교했을 때, 그 곳의 방조제 건설 이전의 생물상 특징을 보여 주고 있어 방조제 건설이 생물 다양성 감소에 얼마나, 그리고 어떻게 영향을 미치는가에 대해 매우 귀중한 교훈을 준다.

순천만의 대표적인 갯벌 생물은 짱뚱어이다. 툭 불거진 두 눈과 까무잡잡한 피부의 짱뚱어(*Boleophthalmus pectinirostris*), 푸른 형광색의 점들이 아름다워 '비단짱뚱어' 라는 별칭이 있다. 꼬리지느러미를 이용해 뛰어오르고 갯벌 위를 활기차게 기어다니는 물고기이다. 갯벌이 얼어붙는 겨울 동안 겨울잠을 자기 때문에 '잠뚱어' 라고도 한다. 우수꽝스러운 외모와는 다르게 깨끗하고 건강한 갯벌에서 산다. 비슷한 종류로는 남방짱뚱어, 큰볏말뚝망둥어, 말뚝망둥어가 있다. 짱뚱어의 먹는 모습을 관찰해 보면 큰 입을 좌우로 움직여 갯벌 표면을 휘휘 젓는다. 뻘을 먹는 것처럼 보이지만 뻘 속에 함께 있는 유기쇄설물과 갯벌 표면에 살고 있는 규조류를 먹는 것이다. 같은 망둥어과의 말뚝망둥어는 짱뚱어와 달리 소형 동물 플랑크톤, 게 유생, 곤충 등 동물성 먹이를 먹는다.

여름철새인 중대백로나 왜가리, 갈매기들은 살이 통통하게 오른 짱뚱어와 망둑어 따위를 잡아먹는다. 하지만 순천만을 찾는 철새들과 물고기들을 부양하는 먹이원이 따로 있다. 그것은 갯지렁이이다. 그 중에 가장 많은 생체량을 가지고 있는 두 종류의 참갯지렁이(오사와실참갯지렁이*Tylorrhynchus osawai*와 강어귀참갯지렁이*Hediste japonica*)가 이들에게 가장 많이 먹힌다. 이들은 서로 다른 분포 패턴을 보인다. 한국 미기록종인 오사와실참갯지렁이는 넓은 범위의 염분 분포 하에 있는 갈대숲으로 둘러싸인 펄개펄에 서식하면서 하구역의 위치로 보면 염분 농도가 매우 낮은 동천 수중보 바로 아래에서부터 염분 농도가 높은 만 입구에 이르기까지 비교적 광범위하게 분포한다. 반면, 강어귀참갯지렁이는 갈대숲이 없는 하구역 하부의 펄개펄에 서식한다. 이 종들은 순천만 갯벌의 먹이연쇄와 생태학적 과정의 중요한 역할을 담당하는 것으로, 호주에서 시베리아로 이동하는 철새들을 위한 먹이원으로써 참갯지렁이류의 생태학적 중요성은 일본의 경우 후지마에(藤前) 갯벌에서 잘 입증된 바 있다.

순천만의 다양한 자연 경관은 다양한 종류의 게가 살 수 있는 게들의 천국이다. 순천만은 육상 생태계와 해양 생태계의 중간 지대인 염습지가 잘 보전되어

비단짱뚱어

❶ 붉은발말똥게
❷ 칠게
❸ 갯게

있고, 강 하구가 막히지 않아 육상에서 해양까지 다양한 게들의 서식처가 있기 때문이다. 해안가 인근 산에서부터 갯벌의 조하대까지 도둑게부터 말똥게, 붉은발말똥게, 농게와 흰발농게, 방게, 칠게, 밤게 등 게의 생태적 지위(Niche)에 따라 다양하게 분포하고 있다. 대대포구에서 무진교를 건너 갈대밭 목도를 따라 걷다 보면 이들을 대부분 볼 수 있을 것이다.

순천만의 대표적인 붉은발말똥게는 멸종 위기종 II급으로, 온몸이 붉고 걷는 다리에 털이 많다. 말똥게와 갈게, 가지게, 무당게 등과 함께 갈대밭에서 쉽게 만날 수 있다. 갈대밭과 칠면초 군락에는 농게와 방게류가 많고, 조하대에 가까울수록 칠게가 흔히 관찰된다.

❶ 큰볏말뚝망둥어
❷ 농게
❸ 꽃게
❹ 갯지렁이
❺ 흰발농게
❻ 도둑게
❼ 말똥게

철새 도래지 순천만

순천만 주변에는 학산리와 선학리, 송학리, 학동, 황새골 등 새와 관련된 이름의 마을이나 지명들이 많다. 예로부터 '송학'은 '황새'를 일컫는 말이었고, '학'은 '두루미'를 말한다.

순천만이 흑두루미를 비롯한 많은 철새들의 중요한 서식지가 된 것은 우연한 일이 아니다. 1996년 11월, 순천만 첫 생태 조사 때 흑두루미와 황새가 처음 세상에 알려졌지만, 동네 사람들의 이야기나 여러 가지 자료에 의하면 이전부터 찾아왔던 것으로 생각된다. 매년 겨울이면 흑두루미와 검은목두루미, 재두루미, 노랑부리저어새, 검은머리갈매기, 민물도요, 큰고니, 혹부리오리 등 수천 마리의 물새들이 월동한다. 봄가을에는 민물도요, 중부리도요, 청다리도요, 뒷부리도요, 알락꼬리마도요, 마도요, 개꿩, 흰물떼새, 왕눈물떼새 등과 같은 수많은 도요물떼새들이 시베리아~호주 간의 이동 경로상 중간 기착지로 이용한다.

갯벌에서 잠을 자고 있는 흑두루미 무리들

호사도요

재두루미

시베리아흰두루미

노랑부리저어새

나그네새와 여름철새

겨울철새들의 이동이 시작하는 봄이면 흑두루미가 상승 기류를 타는 장관이 매일 펼쳐진다. 어민들은 아직은 차가운 강 가운데 그물을 내리고 강을 거슬러 오르는 새끼 뱀장어잡이에 나선다. 온 산야로 봄꽃이 번져갈 때쯤 겨울철새들은 거의 떠나고 북쪽 시베리아 번식지로 이동하는 중 중간 기착한 나그네새 알락꼬리마도요가 제일 먼저 찾아온다. 그리고 순천만에서 둥지를 틀고, 새끼를 기르는 여름철새들이 하나둘 그 모습을 드러낸다. 순천만 주변 야산과 섬들에 위치한 대숲과 소나무 숲의 백로 번식지는 눈이 내린 듯 하얗게 변한다. 중대백로와 중백로, 쇠백로, 황로, 왜가리 등 수백 마리의 크고 작은 백로들이 순천만 주변의 농경지와 하천, 갯벌에서 쉽게 관찰된다.

특히, 봄가을에 통과하는 나그네새인 도요물떼새들은 가장 멀리 여행하는 새들로, 남반구와 북반구의 번식지와 비번식지를 해년마다 오간다. 그 생김새와 크기에 따라 도요새와 물떼새로 나누고, 민물도요·세가락도요·좀도요·뻑뻑도요·깝작도요·노랑발도요·뒷부리도요·큰뒷부리도요·청다리도요·중부리도요·마도요·흑꼬리도요·흰물떼새·검은머리물떼새·장다리물떼새 등 이름도 색색가지 꽃처럼 제각각 다르다.

종마다 다른 만큼 각기 다른 방법으로 먹이를 찾는다. 다리와 부리의 길이, 부리의 모양이 먹이의 종류와 서로 밀접한 관계가 있다. 예를 들어, 알락꼬리마도요는 아래로 휘어진 긴 부리를 가지고 있다. 길고 부드러운 부리는 게 구멍을 자유자재로 탐색할 수 있는 훌륭한 사냥 도구다. 부리 끝의 예민한 촉각으로 게가 숨어 있는 것을 파악하고 손가락 같은 부리 끝으로 갯벌 속에서 게를 끄집어 내어 먹는다. 삼각형의 튼튼한 부리를 가지고 있는 꼬까도요는 돌멩이나 조개 껍질 등을 뒤집어 그 아래 숨어 있는 것들을 잡아먹는다. 왕눈물떼새는 짧은 부리를 가지고 있지만 재빠른 다리와 커다란 눈이 있어 먹이를 잘 찾는다.

민물도요 무리의 비행

갯벌가에서 쉬고 있는 청다리도요 무리

검은딱새

알락꼬리마도요

갈대밭에서 노래하는 개개비

칠면초가 자라는 염습지에서 짱뚱어를 잡은 중백로

트렉터와 황로

왜가리

장다리물떼새

국내에서 규칙적으로 관찰되는 도요물떼새들은 60여 종이다. 그 중 30여 종의 도요물떼새가 관찰되는 순천만은 이들 도요물떼새의 서식지로서 다양한 구성을 가졌음을 보여 주는 것이다.

대대 농경지에 한 해 농사를 준비하기 위해 논에 물을 대고 써레질을 할라치면 황로와 쇠백로 등이 트랙터 주위로 몰려든다. 땅을 뒤엎을 때 튀어나오는 미꾸라지와 벌레들을 잡기 위함이다. 곱게 써레질을 마친 얕은 물깊이의 무논은 다리 길이가 길지 않은 알락도요, 검은가슴물떼새, 깝작도요, 꺅도요 등 도요새들의 차지가 된다. 갈대밭에는 번식을 준비하는 개개비의 울음소리가 울리기 시작한다.

친환경 농업이 정착해 가고 있는 순천만의 농경지와 흙수로에는 미꾸라지와 개구리 · 우렁이 등이 서식하고, 갯벌에는 짱뚱어를 비롯한 게와 갯지렁이 · 조개 등이 풍부하다. 얕은 물가에서는 이들을 잡기 위한 백로와 왜가리, 저어새들의 발걸음이 분주하다. 백로류는 먹잇감을 관찰하다가 기회가 오면 재빨리 긴 목을 이용하여 먹이를 사냥하는데, 저어새는 먹이를 잡을 때 주걱 같은 넓적한 부리를 쉼없이 좌우로 젓는다. 백로나 왜가리의 조용한 사냥법과는 대조적이다. 둘 다 같은 갯벌에서 같은 종류를 잡는데도 방법이 다르다.

겨울철새 흑두루미와 물오리

살아 있는 화석이라는 두루미는 공룡과 같은 시기에 살았던 오랜 역사를 가진 새이다. 적어도 4000만 년 동안 지구의 하늘과 초원, 습지에 주인으로 살아왔던 존재로, 전 세계에 15종이 현존해 있다. 한국에서는 두루미 · 재두루미 · 흑두루미 · 쇠재두루미 · 시베리아흰두루미 · 캐나다두루미 · 검은목두루미 등 7종이 관찰되며, 그 중 순천만에서는 주로 흑두루미가 많고, 소수의 검은목두루미와 재두루미 · 드물게 시베리아흰두루미 · 캐나다두루미가 관찰된다. 1997년

검은목두루미의 고고한 몸짓

이전에는 대구 달성, 경북 고령 등 낙동강 주변이 월동지로 꼽혔으나 골재 채취, 비닐하우스 같은 환경 파괴로 인해 지금은 순천만이 국내에서 유일하게 남은 가장 큰 월동지가 되었다.

순천시는 2007년 10월에 시의 상징새를 비둘기에서 흑두루미로 바꾸면서 흑두루미 보호를 위한 철새 정책을 강화하고 있다. 흑두루미는 매년 10월에 찾아와 약 6개월간 월동하고 이듬해 3월경에 떠나는 겨울철새이다. 환경부 지정 멸종 위기 II급, 천연기념물 228호로 지정되어 있고, 세계자연보전연맹(IUCN) 멸종 위기종 적색 목록에 취약종(VU)으로 분류되어 있다. 시베리아 동부·중국 흑룡강성·몽고 등지의 안개 자욱한 깊은 산속 습지대에서 번식하며, 한국과 중국·일본 등에서 월동한다. 전 세계 생존 개체수가 9500마리로 추정되는데, 순천만에는 매년 500마리 이상이 월동한다.

순천만에 월동하는 두루미류 총 개체수는 1996/1997년 겨울에 75개체가 관찰된 이래로 2006/2007년 겨울 270여 개체, 2007/2008년 겨울 340여 개체, 2011/2012년 겨울 660여 개체, 2012/2013년 겨울 690여 개체까지 월동하는 등 개체수가 꾸준히 증가하는 경향을 보이고 있다. 순천시의 경관농업과 전봇대 제거, 농경지 내 출입 통제, 생물 다양성 관리 계약 사업 등 서식지 보호 정책과 주민들의 보호 노력으로 이들을 위한 안정적인 서식지가 조성되었기 때문이다.

동서고금을 막론하고 두루미는 인간과 친밀한 존재로, 특히 아시아에서는 장수와 행운·부부애·고귀함을 상징한다. 두루미류는 실제 30년 이상 살며, 일생 동안 짝을 바꾸지 않고 일부일처를 유지하는 습성이 있다. 또 가족애가 두터워 새끼 두루미들이 홀로 설 수 있을 때까지 생존을 위한 모든 것을 교육하고 보살핀다. 흑두루미는 순천만의 갯벌에서 휴식하고 인근의 농경지에서 먹이를 먹는다. 겨울이면 해룡과 대대들녘, 별량 우산리 등에서 흑두루미들이 가족을 이뤄 생활하는 모습을 쉽게 만날 수 있다.

검은머리갈매기.
여름에는 머리가 검고,
겨울에는 머리가 희다.

큰고니

갯벌에서 먹이를 먹는
혹부리오리

순천만에서 월동하는 두루미류의 연도별 개체수(1월 기준)

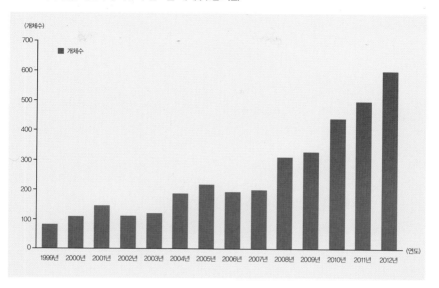

겨울이면 흑두루미와 함께 농경지와 하천, 갯벌은 물오리들로 가득해진다. 오리류는 넓적한 부리와 긴 목·짧은 꼬리와 다리·물갈퀴가 있는 물새로, 순천만에서는 큰고니나 기러기·혹부리오리·청둥오리·흰뺨검둥오리·고방오리·가창오리·쇠오리·댕기흰죽지·흰죽지·검은머리흰죽지·비오리 따위가 관찰된다. 농경지에서 추수 후 떨어진 낙곡이나 물가의 수초 뿌리, 갯벌의 조개 등을 배불리 먹고 안전한 갯벌과 염습지, 갈대밭 주변에서 휴식한다. 해질녘이면 가창오리의 군무만큼이나 멋진 비행을 볼 수도 있다.

과거 2000년대 초만 하더라도 갯벌이 넓은 순천만에는 겨울이면 수천 마리의 혹부리오리가 갯벌을 하얗게 만들었다. 번식기에 윗부리의 혹이 커져서 '혹부리오리'라 불리는데, 약간 위로 휘어진 붉은색 부리로 갯벌 표면을 휘휘 저으며 조개들을 먹는다. 꼬막 양식을 많이 하는 이 곳 어민들에게는 미운 존재이

다. 겨울이면 많은 시간을 투자해 오리들을 쫓았다. 그러나 많은 혹부리오리가 순천만을 찾는다는 것은 이 지역이 어패류 생산성이 높고, 청정 지역임을 반증하는 것이다. 그런데 최근 몇 년간 월동하는 혹부리오리 개체수가 1000마리 이하로 감소하였다. 꼬막 생산량도 예전같지 않다고 한다. 혹부리오리가 사라지는 갯벌에는 꼬막도 사라지는 것은 아닐까.

순천만 둘러보기

순천만의 관문, 순천만 자연생태공원

순천만 갈대밭 가는 길에 위치한 순천만 자연생태관은 순천만이 선사하는 자연을 제대로 느끼고 경험하고 싶다면 반드시 거쳐 가야 하는 필수 코스다. 갯벌과 철새 등 연안 습지에 살아가는 생물과 생태에 대한 각종 자연학습 자료들과 영상물들을 갖추고 있는 생태학습장이다.

생태관 내부로 들어가면 순천시의 상징새인 거대한 흑두루미가 있고, 한쪽 벽면의 모니터에서는 순천만의 모습을 실시간으로 보여 주고 있다. 2층 전시실은 갯벌의 생성과 진화 과정 · 순천만 갯벌의 특징이 해설돼 있고, 투명 유리 바닥 아래에는 농게 · 짱뚱어 · 조개류 등 순천만에 서식하는 생물들의 모형이 전시돼 있다. 순천만의 조류와 철새, 둥지와 알의 모습 등도 실물 모양으로 보여 준다.

자연생태관 옆으로 이어진 천문대는 밤이면 하늘의 별들을 감상할 수 있겠지만 낮에는 전망대에 설치된 망원경으로 순천만의 풍경을 바라보거나 갈대밭 사이에 숨어 있는 새들을 찾아볼 수 있다.

순천만의 가장 아름다운 풍경은 용산전망대에서 볼 수 있다. 대대포구에서 무진교를 건너 갈대숲 탐방로를 따라가다 보면 용산으로 오르는 길이 나온다. 산줄기가 용이 누워 있는 형상인데, "용이 하늘로 승천하다 순천만의 아름다운 풍경에 감탄하여 내려앉았다."는 전설이 있다. 용산전망대에 서면 새의 눈이 되어 산야와 갈대밭, 갯벌, 철새들을 둘러볼 수 있다.

순천만 입구에 세워진 자연생태관

순천만 자연생태관 천문대

순천만 쉼터와 생태연못

순천만 생태 체험선 에코피아 호

특별한 체험을 원한다면 순천만 자연생태공원의 명물인 생태 체험선 '에코피아 호'를 타고 배 위에서 펼쳐지는 순천만의 다큐멘터리를 만나길 바란다. 또 김승옥의 소설 '무진기행'에서 '안개나루(霧津)'로 불리는 무진과 정채봉 작가의 문학세계가 있는 순천문학관으로 떠나는 '갈대열차'가 있다. 그리고 소리를 테마로 한 '자연의 소리 체험관'이 포구 인근에 만들어져 눈이 아닌 귀로 자연을 체험하는 경험도 할 수 있다.

최근 연 200만 명이 넘는 많은 방문객들이 순천만을 찾고 있다. 전시와 체험을 위한 공간과 프로그램의 부족, 한계 수용 용량을 넘어서는 인원 등으로 인해 오히려 자연을 훼손하고 있다는 지적이 있어 왔다. 2013년 4월에 개장된 순천만 국제습지센터로 방문객들이 분산되면서 순천만의 자연을 좀 더 여유롭게 경험할 수 있다.

안개강, 동천

백두대간에서 뻗어내려 호남
땅을 휘감아온 전라정맥은 순천
땅 조계산에 이르러 고동산, 바랑
산, 갓머리봉, 계족산 등에 내리는
빗물을 절반쯤은 섬진강으로 보내
고 나머지는 바다 쪽으로 흘려 준
다. 동천은 이 산들의 지맥이 순천
만과 닿는 크고 작은 산에서 발원
한 이사천, 서천, 옥천의 물줄기를
품고 흐르다 마침내 대대포구에
이르러 바다와 만난다.

무진(霧津)에 명산물이 없는 게 아
니다. 그것은 안개다. 아침에 잠자리
에서 일어나서 밖으로 나오면, 밤사이
에 진주해온 적군들처럼 안개가 무진
을 뼁 둘러싸고 있는 것이었다. 무진
을 둘러싸고 있던 산들도 안개에 의하
여 보이지 않는 먼 곳으로 유배당해
버리고 없었다.

작가 김승옥은 그의 유명한 단

새롭게 정비된 순천만 자연생태공원으로 가는 제방길

편소설 「무진(霧津)기행」에서 대대포구를 '안개나루' 라고 표현했다. 그 안개의 형상을 '적군' 이라 하였고, 순천 땅을 보듬고 있는 산들의 존재가 짙은 안개에 가리어 무력해져 보일 만큼 그에게는 새벽에 마주친 동천의 안개는 강렬한 느낌으로 다가왔다.

안개 낀 새벽 강, 동천 하구는 세파에 밀려 이 곳을 찾는 이에게는 슬픔과 안정이 교차하는 곳이며, 여정이 느긋한 이에게는 기대와 평화가 부풀어 오르는 한바탕 생명의 소용돌이가 펼쳐지는 곳이다.

안개나루의 새벽, 어슬어슬 어둠이 걷혀가도 아직 이슬을 털어내지 않은 채

안개강 동천

우뚝 서있는 갈대숲에는 새벽 안개가 자욱이 내려앉아 떠날 줄 모른다. 사방이 아직 분간이 안 되는데, 여기저기 시나위 가락처럼 물새들의 소리가 들려온다.

이윽고 앵무산을 넘은 아침 해가 해창뜰을 데우기 시작하면 밤사이 습격해 와 김승옥을 깨웠던 적군은 흔적도 없이 스르르 물러난다. 그러면 어디서 숨었다 나오는지 수천수만의 농게, 방게, 말똥게, 가지게 들이 집게발을 치켜들고 부지런히 나달거리며 갯강의 가장자리와 갈대숲을 차지한다.

이제 강줄기를 따라 포구에서 20분쯤 걸어 올라가면 두 갈래 물줄기가 나타난다. 서쪽으로는 낙안의 불재와 승주읍 쪽에서 발원한 이사천이고, 동쪽으로는 서면의 수릿재와 청소골 미삿재 등에서 발원한 서천·동천이 순천 시가지에서 옥천과 합류하여 흐르는 동천이다.

이사천과 동천은 지류의 길이가 조금 모자라 천(川)으로 구분되었으나 순천의 지형을 예로부터 '삼산이수(三山二水)'라 일컬었듯이, 이 고장의 역사와 문화를 담고 있는 순천인들의 마음 속을 흐르는 큰 강이다.

1990년대, 동천 하구에서 굿하는 모습

이사천에 흐르는 이야기

이사천의 '이사(伊沙)'는 '모래밭'이란 뜻이다. 주변의 지형을 상사(上沙), 하사(下沙)로 구분해왔듯이 늘 모래가 쌓이는 홍수와 범람이 잦았던 곳이다. 이사천에는 강을 끼고 농사를 짓던 민초들의 아픔이 함께 흐른다. 순천 시가지를 감고 흐르는 동천에는 정치, 사회, 문화 등 사람살이 이야기가 즐비하다.

신수보(薪藪伏)와 사두

교량동 한옥마을에서 500m쯤 올라가면 옛날, 들에 물을 대기 위해 만든 신수보가 있다. 그런데 보를 막던 시절, 윗마을 토란밭에 송아지만큼 큰 흉측하고 독을 가진 두꺼비 일족이 살았다. 놈들은 자기들 사는 밭이 질퍽거린다고 보를 막기가 바쁘게 죄다 헐어버리곤 하였다. 마을 사람들은 시시때때로 달랬다.

"이 음식을 드시고 제발 탈이 붙지 않게 해 주옵소서!"

놈들이 배부르게 먹고 코를 골 동안 사람들은 모내기를 하였다. 그러나 다들 집으로 돌아가면 두꺼비들은 또다시 보를 헐기 시작하였다.

고을 원님에게 하소연하자 원님은 '사두'라는 장수를 데리고 나타났다. 두꺼비들이 또 보를 허물자 사두가 쏜살같이 나아가 긴 칼을 휘둘러 단번에 놈들을 베었다. 그러자 살아남은 두꺼비들이 넙죽 엎드렸다.

"살려 주십시오. 그 은혜는 잊지 않겠습니다."

놈들을 살려 주고 죽은 우두머리의 배를 가르자 금은보화가 우르르 쏟아졌다.

마을 잔치가 열렸다. 그런데 사두는 싸움 중 드잡이하다 맞은 두꺼비의 독이 퍼져 죽고 말았다. 사두는 그의 유언대로 보 밑에 묻혔다.

그 후 몇 해가 지나고 큰 물난리가 났는데도 신수보는 터지지 않고 멀쩡했다. 보 밑으로 가 보니 수많은 두꺼비들이 보를 떠받치다 힘에 겨워 죽어 있었다.

그 후 다시는 보가 터지지 않았으며 해마다 마을에 풍년이 들었다고 한다.

이사천 절강과 학동마을 백로 번식지 대숲

우산보와 우산이

상사댐 가는 길 왼편에 우산보가 있다. 이 보에는 까마득한 옛날에 명주실꾸
리를 풀어도 바닥이 닿지 않는 용쏘배기가 있었는데, 그 곳에 사는 청룡과 황룡
이 툭하면 싸우는 통에 내뿜는 불기둥과 솟구치는 물보라로 도저히 농사를 지
을 수 없었다. 그런데 허 선비의 아들이 청룡을 도와 황룡을 활로 쏘아 죽이자
마을은 걱정거리를 덜었고 그 집안은 대대로 번성했다고 한다. 이러한 설화는
용소가 있는 곳이면 전해 옴직한 이야기이다. 그런데 우산보 이야기는 더 이어
진다.

마을 사람들에게는 걱정거리가 또 있었다. 홍수만 나면 보가 터져 다 지어놓
은 농사를 망치곤 하였다. 그러던 어느 날, 아들의 꿈에 용의 상을 지닌 신인이
나타났다.

"무슨 근심거리로 잠을 못 이루느냐?"

"여름만 되면 보가 터져 걱정이옵니다."

신인은 흰 수염 한 가닥을 건네주며 일러 주었다.

"이것으로 우산이를 꽁꽁 묶어 보 밑에 넣도록 하여라."

장닭이 울자 깨어나 보니 머리맡에 흰 새끼 한 타래가 놓여 있었다. 마을을 돌며 우산이가 누구냐고 물어보았으나 아는 이가 없었다. 그 날도 보막이꾼들이 해거름이 되어 돌아갈 채비를 하는데, 드난살이를 하는 여인이 홀연히 나타나 아들을 불렀다.

"우산아, 우산아! 어서 와서 밥 먹어라."

귀가 번쩍 띄어 둘러보니 보막이꾼들 사이에서 돌을 나르던 아이 하나가 뛰어갔다. 마을 사람들은 아이를 붙잡아 꽁꽁 묶어 집채만한 바위를 눌러 놓고 밤새워 보를 막아 버렸다.

그 후 제아무리 큰 물이 나도 우산보는 멀쩡하였다. 그러나 봇물이 넘칠 때마다 바위가 꿈틀거리며 "엄마 왜 불러, 왜 불러."라는 소리가 들려와 사람들의 애간장을 녹였다 한다.

신수보와 우산보의 설화는 보를 막는 데 엄청난 희생이 필요했다는 이야기이다. 별다른 기계 도구가 없었던 시대에는 손으로 커다란 돌을 운반하여 물줄기를 틀어막고 무너지지 않게 하는 일이 사람의 힘만으로는 늘 부족하였을 것이다. 그래서 청룡과 두꺼비, 원님과 사두 등 신화적인 힘을 빌려오거나 우산보의 우산이처럼 억울한 희생도 감수해야 한다는 명제를 공동체에게 심어주고자 했던 것이다.

동천이 간직한 이야기

순천만에서 보이는 물목까지만 거슬러가보자. 국제습지센터와 순천만 수목원과 맞닿은 야산을 '망월산'이라 부르는데, 이 곳에 해룡산성터가 있다. 고려 건국 전후에 이 지방을 대표하는 호족 박영규가 웅거했던 곳이다. 그러나 마을 사람들은 무슨 내력인지 '견훤성'이라고도 부른다.

해룡산성의 꿈

『삼국유사』에 보면 진성여왕 5년에 견훤이 서면도통(西面都統)이 되어 순천시 서면 강청마을에 주둔하였다고 한다. 이때 견훤은 해룡산성의 박영규와 또 다른 호족 김총과 손을 잡고 순천 땅에서 힘을 얻어 광주로 진출해 영산강 세력의 호응을 받고 전주로 올라가 후백제를 세웠다. 견훤은 큰 힘이 되었던 순천의 호족 박영규를 사위로 삼았고, 박씨 집안은 딸을 견훤에게 시집보냈다. 이런 인연으로 어떤 학자는 견훤이 경상북도 상주 사람이 아니고 순천 사람이라고 주장하기도 한다.

『삼국유사』에서는 견훤이 큰 지렁이의 기운을 받고 탄생했다는 설화를 전하고 있다. 공교롭게도 해룡산성의 서쪽에, 우리말로는 통샘인 통천(桶泉)마을에도 이와 흡사한 이야기가 내려온다.

통샘 가에 사는 큰 지렁이가 밤마다 사람이 되고자 기도를 올렸다. 간절한 기도에 감화한 천지신명이 방편 하나를 내렸다.

"밤마다 통샘에서 목욕재계를 하고 정갈한 처녀와 혼인하여라. 아이가 태어나는 날 사람으로 환생하리라."

때마침 해룡산성 성주에게는 무남독녀가 있었다. 성주의 딸이 해거름에 물을 길으러 갔다가 미소년으로 변모한 지렁이와 눈이 맞았다. 그 후 처녀는 실실 앓아누웠는데, 아랫배가 서서히 불러왔다. 성주가 딸을 다그쳐 자초지종을 알게 되었다. 몹시 노한 성주는 미소년으로 변모한 큰 지렁이를 베어버렸다. 그 사실을 안 처녀는 통샘에 몸을 던졌다. 노한 성주는 통샘을 메워 버렸다 하는데, 현재도 그 자리에서 물이 솟아난다.

통샘마을의 큰 지렁이가 사람으로 환생하기에 실패한 탓일까? 견훤은 백제 부흥의 꿈을 이루지 못하고 아들 신검이 자신을 금산사에 가두고 왕위에 오르자 몰래 빠져나와 나주에 있는 왕건에게 의탁하였다. 이때 그의 사위였던 박영규도 왕건에게 귀부해 고려 개국공신이 되었다.

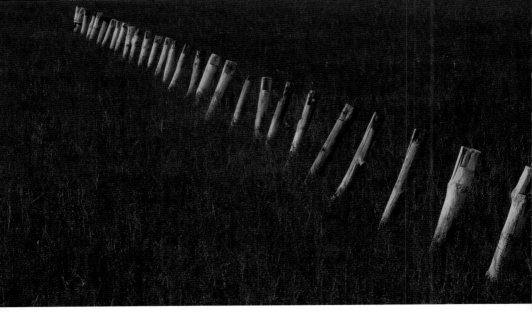

거차마을 함초농장 안에 남아 있는 옛 염전의 흔적

　해룡산성의 남쪽, 홍두마을 입구에는 당시 이 일대가 갯벌임을 짐작케 하는
목책을 세웠던 흔적이 남아 있다. 문헌을 보면 조선 시대 조운선이 드나들던 포
구가 홍내동 앞의 조양포(朝陽浦)로 확인되는데, 그 형체는 찾아볼 수 없고 배를
댔다는 '독틈'이란 명칭과 곡식을 말과 되로 되어서 받던 곳이란 뜻이 담긴 '되
메기'라는 지명이 남아 있다.

　조양포는 전라도 동부 지역에서 세금으로 받아들인 곡식을 임진강을 거쳐서
개성으로 운송했던 곳으로, 왜구가 순천만에 자주 출몰했던 것은 이 포구의 해
창에 저장한 곡식 때문이었다.

　조선 시대에는 이 해룡산성 주변 마을 일대를 '홍안동'이라 불렀는데, 마을
이름의 한자 뜻처럼 마을 뒤에는 '홍안전익형(鴻雁展翼型)'의 터가 있어 한때는
순천향교가 그 자리에 세워지기도 하였다.

　'하늘로 날아가는 기러기 형국'이라는 홍안전익형을 끼고 동천은 흐른다. 동
천 하구에서 북쪽으로 바라보이는 야산, 현재의 오천동과 홍내동 일대는 해룡

산성을 근거지로 옛사람들의 기개와 꿈이 순천만을 통해 뻗어 나갔던 기러기 머리 형국의 중심 터였던 것이다.

대대포구 이야기

동천 하류의 골재 채취와 하도 정비 사업을 둘러싼 논쟁이 시작되기 전, 이 곳은 아주 작고 고즈넉한 포구였다.

대대둑 제방 들머리 길가 옆, 머리 위까지 자란 갈대숲 사이로 빼꼼히 열려 있는 작은 길을 따라 올라서면 바다로 향하는 느릿한 물길이 보이고, 말목에 묶여 소슬바람에 삐걱대는 목선 몇 척이 이 곳이 포구임을 알려 주던 곳이었다. 갯벌의 가장자리 얕은 물가를 차지한 왜가리와 백로도 어쩌다 찾아오는 한가롭고 평화로운 정취를 간직한 곳이었다. 그러나 사실, 대대포구는 남해안 어느 곳에서도 흔히 볼 수 있는 포구이지만, 시대의 변화에 민감한 여느 도시처럼 우리나라 현대사의 질곡을 고스란히 담고 있다.

대대포구는 남해안 어느 곳에서도 흔히 볼 수 있는 작은 포구였다.

돌틈선창의 추억

옛날에는 이사천이 호현마을을 돌아 통천을 지나 금성을 거쳐 내동마을 앞에서 동천과 합류했다. 대대포구가 1946년경 만들어지기 이전에 이사천 하구에는 '돌틈선창' 이라는 포구가 있었다. 돌틈선창은 고려 시대에 있었던 조양포 언저리에서 배를 매고 댔다는 '독틈' 이란 지명을 물려받은 것으로 여겨진다.

당시 돌틈선창은 작은 고깃배가 드나드는 대대포구와는 다르게 100톤급 화물선이 들고날 정도로 비교적 규모가 큰 선착장이었다. 일제 강점기에는 현재의 교량동에 면사무소와 주재소가 있었는데, 일본인들은 이 곳 돌틈선창을 이용하여 생활필수품을 운송하였다 한다. 해방 후에도 포구의 기능이 꽤 활발하여 철따라 숭어 · 복쟁이 등이 떼로 올라왔으며, 화양면 사람들은 고구마 빼깽이를 싣고 오고, 여자만의 섬사람들은 미역 · 파래 · 젓갈 등 해산물을 부리고 곡식을 사가지고 되돌아갔다.

이렇듯 시끌벅적하던 포구가 이사천 하천 정비로 둑을 높이는 공사를 하면서 선창으로 연결되었던 물줄기가 끊어져 돌틈선창은 사라지게 되었다. 지금은 옛날 이 곳이 선창이었다는 흔적으로서 몇 무더기 돌만이 자리하고 있다.

대대포구의 내력

대동아전쟁이 끝나기 전부터 지금의 대대포구 자리에는 조그만 선창이 있었다. 대대마을 서영우 옹에 따르면 그가 당시 소학교를 졸업하고 청년 훈련생으로 편입될 무렵, 막내 숙부가 태평양 징용에서 돌아와 대대포구 선창가에서 주막(훗날 대대선창집, 현 순천만 쉼터 부근)을 운영하였다.

이후 해방이 되고 징용에 끌려갔던 마을 사람들이 하나둘 고향으로 돌아왔으나 곧 여순사건과 한국전쟁이 터지는 등 농촌 살림은 배고픔의 나날이었다. 그러다가 시절이 안정되자 여자만의 가까운 섬사람들이 잡은 고기를 내다 팔려

대대포구로 가던 옛 제방길

작은 어선들로 붐볐던 대대포구의 옛 풍경

고 대대선창으로 몰려들기 시작하였다. 당시 주막에서 이들의 생선을 어판해주
면 마을 사람들은 이 생선을 받아다가 낙안면 · 쌍암면 · 주암면 · 송광면 일대
로 장사를 다녔다. 차츰 장사꾼이 몰려들고 포구가 활발해지자 주막을 하던 서
영우 옹의 숙부가 인부들을 동원하여 용산 일대에서 바위를 채취하여 포구다운
형태로 만들었다고 한다.

　대대포구는 여수~순천 간 국도가 만들어지기 전까지 생선과 곡식을 사고 팔
고 바꾸는 사람들로 붐볐다. 그러나 국도가 확충되고 화물차가 지방도에까지
다니기 시작하자 여자만 일대 섬에서 대대포구로 생선을 부리러 오던 뱃사람들
의 발길이 뜨막해졌다.

　일손을 놓고 있던 중, 순천 시내에 보해소주 공장이 들어서면서 포구가 다시
분주해졌다. 소주의 원료로 사용하는 말린 고구마 빼깽이가 가까운 섬에서 반
입되면서 하역 물량이 늘어나 가대기를 치는 인부들이 늘어났다.

　그러나 여러 가지 이유로 순천의 보해소주 공장이 문을 닫게 되자 또다시 일
손과 벌이가 마땅치 않게 되었다. 그러던 중 1974년 말, 부산~순천 간 남해고속
도로가 건설되면서 부산에서 대대포구로 오가던 화물선의 운행마저 끊겨 버렸
다. 비료, 기름 등의 공산품을 싣고 와서는 순천의 제재소에 주문한 생선 상자
와 쌀을 싣고 부산으로 되돌아가던 화물선이 남해고속도로가 건설되면서 자취
를 감춘 것이다. 한나절도 안 되는 거리를 뱃길로 2~3일씩 위험을 감수해가며
다닐 필요가 없어졌기 때문이다.

　국도와 지방도, 고속도로의 건설이 산업계 전반에는 발전적인 전기를 열어
주었지만 별다른 자본이 없이 몸뚱이로 부딪쳐 살아가는 바닷가 민초들에게는
상당한 좌절을 안겨 준 세월이었다.

　여자만 일대에서는 1972년경부터 새꼬막 종패의 채묘가 전국에서 최초로 시
작되어 조금씩 양식 기술이 자리를 잡아가고 있었다. 마침 그 무렵에 이웃한 광

순천만에서는 뻘배를 타고 꼬막을 잡는다.

꼬막

양만에서 제철소 건립에 따른 보상을 받은 사람들이 양식업에 투자하기 위해 순천만으로 옮겨 왔다. 채묘 및 양식 기술의 축적과 물량의 투자로 종패가 잘 활착되고 생산량도 늘어나면서 1980년대에 들어 순천만에서의 꼬막 양식업은 대성황을 이루었다.

꼬막 선별과 배송을 담당하였던 대대포구도 덩달아 바빠졌다. 이 시기에 대대어촌계가 설립되어 여수수협에 소속되면서 포구에는 여수수협에서 사용했던 선창이 들어섰다. 이 곳 사람들은 수협선창을 '윗선창'이라 부르고, 서영우 옹의 막내 숙부가 만들었다는 선창을 '아랫선창'이라 부른다.

포구와 마을은 10여 년 동안 꼬막 양식업으로 쏠쏠한 재미를 누렸다. 그러나 수협과의 수수료 문제가 발생되면서 양식업자들이 대대포구로 꼬막 반입을 하지 않는 상황이 발생하였다. 게다가 1992년경부터는 순천만 일대의 새꼬막 양식 작황이 나빠지기 시작했다. 포구는 또다시 활기를 잃고 맥맥한 모습으로 되돌아가게 되었다.

그런데 1996년 여름, 동천 하구 순천만 갈대밭 일원에서의 대규모 하도 정비와 골재 채취 사업 계획이 알려졌다. 대대마을 사람들은 생활권의 피해가 우려된다는 진정서를 작성해 시민단체를 찾아가 도움을 요청하였다. 순천 지역의 시민단체는 이 사업의 실체가 골재 채취가 목적이라고 밝히고 줄기차게 반대

짱뚱어 낚시. 물속이 아닌 갯벌에 나와 기어다니는 짱뚱어를 향해 흝치기로 잡는다.

활동을 펴면서부터 대대포구는 전국적인 조명을 받기 시작하였다. 지속적인 생태계 조사와 갈대축제 등을 통해 드넓은 갈대밭과 건강한 갯벌, 흑두루미 등 희귀 조류 서식지로서의 보전 가치가 널리 퍼져나갔다.

포구를 찾는 발걸음이 점점 늘어나면서 대대포구와 순천만은 일약 생태 관광의 명소로 떠올랐다. 마침내 2004년, 개발 계획은 전면 중지되고 생태계 보전방안으로 순천만 자연생태공원이 조성되었다.

현재의 대대포구는 1997년 이후 대대포구 부두 정비 사업을 거쳐 순천만 자연생태관이 건립되면서 윗선창과 아랫선창을 연결해 평평하게 다지고 콘크리트를 보강해 과거의 울퉁불퉁한 사연이 밴 선창과 음식점 등은 사라지게 되었다. 대신 그 자리에는 생태 탐방선, 갈대열차 등을 이용하는 관광객의 편의시설이 들어서서 오랜 시간 동안 바닷가 마을 포구가 지녀왔던 비릿한 갯냄새와 정취는 사라지게 되었다.

대대(大垈)마을

'대대(大垈)'는 우리말 이름으로 '큰 터'란 뜻이다. 포구 마을이면서도 마을 앞에 둑을 막아 농사를 지었으나 해마다 홍수에 잠겨 피해를 입었다. 1962년 순천 지역을 휩쓸었던 8월 28일 대홍수 이후로 제방을 현재처럼 막고, 1980년대 후반에 상사댐이 들어선 이후 수해와 가뭄을 면하게 되었다.

이 마을은 옛날부터 정월 보름에 줄다리기를 성대하게 했다. 마을을 서편과 동편으로 나누어 서편은 암줄을, 동편은 수줄을 당겼다. 아이들이 10여 m쯤 되는 작은 새끼줄을 만들어 또래들과 서편, 동편으로 나누어 줄을 당기기 시작하면 곧 어른들도 합세해 걸고 틀었다. 그 다음 날엔 진편이 인원수를 늘려 또 당긴다. 승부가 나지 않으면 자정까지 줄을 당긴다. 다음 날 아침에는 모두 고함을 치고 응원하느라 목이 쉬어 말을 바로 하지 못하였다 한다.

마을에서 동쪽으로 강을 건너 바라보이는 해창뜰의 중흥과 해창 두 마을도 커다란 용줄달리기가 지금도 행해지는데, 승부가 나지 않으면 연 사흘간 대판 거리로 와자지껄하였다. 남도의 줄다리기에는 으레 앞소리에 자기편의 군사를 '녹두장군'이라 칭한다. 대대 마을에서는 "우리군사 녹두장군 이 길 따라 나는 간다."라고 결의를 돋우고, 중흥·해창마을에서는 "우리 군사 녹두장군, 물품 밑에 시운 넣고, 시운 찾기 난감하세."라는 앞소리가 나온다. 주민 총화를 다지고 마을의 재액을 막고 풍년을 기원하는 소리에 녹두장군이 담긴 것은 남도의 민초들에게 동학농민군의 자취가 안타깝고 애달픈 역사로 전해온 까닭일 것이다.

　대대마을 사람들 중에는 갈대를 꺾어 빗자루를 만들어 생계를 유지하기도

순천만 갈대숲. 대대마을 사람들 중에는 갈대로 방비를 만들어 팔기도 했다.

했다. 초여름에 싹이 부드러운 갈대 홰기(꽃)를 소금물에 담가 말려 두었다가 방비를 만들었는데, 1970년대까지 갈대비는 실생활 용품으로 유용하게 사용되었다. 초여름 홰기를 뽑아낸 갈대의 어린 줄기는 인근 광양만에서 생산되는 김발용으로 쓰였으며, 늦가을 마른 대궁이는 베어다가 불을 땠고, 퇴비를 만들기도 하였다. 또한 인근에 지천으로 널려 있는 갈대 줄기를 이용해서 울타리를 만들었다.

진달래가 지고 산철쭉이 올라올 무렵이면 대대포구 수로는 실뱀장어잡이로 날 새는 줄 몰랐다. 하루 해가 서산에 기울기가 바쁘게 저마다 손전등과 뜰채, 그리고 들통 하나씩을 들고 모여들기 시작한다. 이 곳 사람들은 실뱀장어를 '시라시'라고 부르는데, 강으로 거슬러 올라오는 5~6cm 크기의 작은 시라시를 밝은 불빛으로 유인한 다음 뜰채로 포획하는 방법이다.

바다장어는 아직까지 양식이 안 되는 어종으로, 안강망 그물을 사용한 상업적인 포획은 허가를 받은 사람에게만 한정되었다. 그러나 10여 년 전까지는 그물에 걸리지 않고 촌로들의 뜰채에 걸리는 숫자가 상당했다. 그래서 마리로 세지 않고 저울질로 팔았다 하는데, 한 마리당 몇천 원을 호가하는 시라시잡이는 한철의 짭짤한 돈벌이가 되기도 하였다. 그러나 지금은 연안 오염과 마구잡이 포획으로 대대포구를 거쳐 이사천까지 회유하는 숫자가 현저하게 줄었다.

현재 대대마을과 대대포구는 외지 사람들의 발길이 늘어나면서 음식점과 숙박업을 할 만한 땅값은 솟구치고, 마을 앞 도로는 주말이면 자동차로 넘쳐나게 되었다. 그러나 전통적으로 농토를 일구고, 갯강에서 봄이면 실뱀장어를 잡고, 여름이면 짱뚱어를 낚고, 가을이면 갈대를 베어 울타리를 엮었던 대대마을 사람들의 생활이 얼마만큼 윤택하고 행복해졌는지는 가늠하기 힘들다.

무풍리 갯가 풍경

살아 있는 갯벌, 화포의 아침 풍경

살아 있는 갯벌은 밀물이 드는 아침, 순천만의 서쪽으로 가면 볼 수 있다. 만의 서쪽 해안선을 따라 멀리 벌교 쪽의 구룡포구에서 석현천을 건너 거차 · 고장 · 무풍 · 우명 · 장산에 이르기까지 드넓은 갯벌이 펼쳐져 있으며, 해안 도로를 따라 드문드문 마을과 포구가 이어져 있다.

갯벌을 끼고 있는 바닷가 마을은 겉으로는 느릿느릿 마냥 한가롭게 보이지만 실상은 농사일, 바다 일로 눈코 뜰 새 없이 분주하다. 이 곳 주민들은 주로 평소에는 농사일을 하다가 물때에 맞추어 뻘배를 타고 갯벌에 들어가 맨손 어업을 하는 반농반어(半農半漁)가 대부분인데, 그 중에서 구룡이나 거차 · 화포처럼 포구를 낀 마을은 건간망을 이용한 조업도 활발한 편이다.

구룡마을의 용두포구에는 짱뚱어와 가리맛조개가 많이 나와 해안 길목엔 오래된 짱뚱어 전문점들이 있다. 뻘배 체험장이 있는 거차포구로 가는 길목에서는 힘이 세고 찰진 맛의 갓 잡아온 뻘낙지를 맛볼 수 있다.

봉화산의 일출

순천만의 일출은 바다에서 떠오르지 않는다. 사방이 조금씩 밝아진 후, 구름에 가려 해가 뜨지 않는가 보다 할 즈음에 바다 건너편 여수반도의 황새봉 쪽에서 한달음에 시뻘건 해가 솟아오른다. 그러면 연안을 따라 길게 뻗은 산과 들녘, 갯벌과 갈대숲이 일제히 깨어나 발갛게 물드는 것이다.

사실 화포포구는 그보다 더 일찍 깨어나 있다. 화포포구에는 일출을 맞이하는 소망탑이 있지만 그보다는 포구를 받치고 있는 뒷산인 봉화산(235.9m)에 오르는 편이 좋다. 고갯마루에 차를 두고 10여 분 걸으면 훌쩍 정상에 오른다. 일출을 보고 나면 차는 그대로 두고 걸어서 화포포구로 내려가 보자. 포구에서의 발걸음은 자연스레 해 뜨는 방향으로 향한다.

이 곳 일대의 지명은 '화포'와 '우명'인데, 옛 이름 즉 화포의 우리말 이름은 '곶개'이다. '꽃'의 옛말이 '곶'인데, 발음이 '곶(串)'과 같아서 '꽃 화(花)'로 바꾸고 '개'는 '바닷가 포(浦)'를 써서 '화포(花浦)'라고 적은 것이다. '우명'은 우리말 이름이 '쇠리'이다. 이것을 '소+우리'로 인식하여 '소 우(牛)'자에 '울 명(鳴)'자를 써서 '우명'이라 하였다. 소를 방목했을 지형과는 한참 거리가 먼 곳인데, 마을 뒷산이 소가 우는 형국으로 바람이 세찬 날에는 소 울음소리가 들린다 한다. 순천만에서는 드물게 만조 때에 바닷물에 씻기는 비말대의 바위 암석이 해안가에 도드라진 지형으로, 먼 바다에서 순천만으로 향하는 바람이 이 곳에 와 부딪히면 소 울음소리처럼 웅웅댄다.

순천만의 아침

우명마을 갯가의 초가

잡은 칠게를 고르는 어민. 칠게는 순천만에서 제일 많이 눈에 띈다.

해안길을 돌아서면 마치 영화의 세트장 같이 아담하게 보이는 포구가 있다. 우명포구의 한편은 갈대가 장식하고, 조금 벗어나 장산리 옛 염전터 주변은 칠면초가 화려하게 수놓고 있다. 봄가을에는 오르내리는 물결을 따라 총총하게 먹이를 쫓는 도요새나 물떼새를 아주 가깝게 관찰할 수 있는 곳이다.

떠오르는 햇살이 갯벌에 닿으면 비로소 여기저기 뽀송뽀송 구멍을 내고 게들이 기어나온다. 순천만에서 가장 많이 보이는 놈은 칠게. 낙지를 잡는 미끼로도 쓰이며 반찬용으로도 많이 팔려나간다. "마파람에 게 눈 감추듯"이란 속담이 있듯이 칠게는 의외로 매우 빠르다. 작은 게는 조금 큰 새들이 갯지렁이 다음으로 좋아하는 먹잇감이다.

갯벌이 온갖 육상의 쓰레기와 영양염류 · 부유 물질을 받아들여 썩혀서 소화하는 것은, 갯벌 곳곳에 수없는 구멍을 내고 온종일 들락거리며 산소를 공급하는 대형 저서생물, 특히 게와 갯지렁이들의 잽싼 몸놀림 덕분이다.

학산리 고갯마루

어정버정 발길 가는 대로 화포와 우명포구를 둘러보고 나면 대략 한 시간, 우명마을의 비탈진 고샅길을 따라 다시 고갯마루에 올라서면 이제 훌쩍 올라선 햇살 아래로 순천만의 하루가 감실감실 피어난다.

시야에 가득한 한 폭의 그림. 갯골을 따라 발달한 원형의 갈대 군락에 아침 햇살이 천천히 다가간다. 십오리 둑방길에 흐드러진 수십만 평의 갈대숲에 햇살이 닿으면 안개는 화들짝 놀라 달아난다. 그러면 새소리, 바람소리, 철퍽대는 짱 뚱어 소리…, 저마다의 자리에서 살아 있음을 알리는 순천만의 평화가 열린다.

십오리 둑방길

장산마을에서 대대포구까지 이어지는 십오리 둑방길, 가는 길목엔 나무가 없다. 아니 자라지 않는다. 1970년대 이전에는 방조제가 없었고, 일제 강점기까지는 우산리·안풍리 앞 도로까지 바닷물이 드나드는 갯벌이었던 곳으로, 토양에 염기가 남아 있어 나무뿌리가 내리지 않는다.

방조제 안쪽 농로는 때묻지 않은 황톳길이다. 둑방에는 적당한 푸서리들, 바다쪽으로는 갈대숲이 일렁이는 그럴듯한 산책로지만, 내내 걸어도 들머리나 지나왔던 길이나 아무런 변화가 없다. 다른 것이 있다면 그늘 한 점 없는 길목에서 내내 직사광선에 쪼여 띵해진 머리와 노그라진 몸뚱이가 목적지를 향하여 굽어진다는 것이다. 제멋대로 악쓰고, 욕하고, 내달려도 아무도 간섭할 이가 없는 밋밋하고 한적한 길이다. 그러나 찬찬히 들여다보면 생태적 관점에서 볼거리도 풍부하다.

인안교를 건너서부터는 차량 통제 구역이다. 이른바 상념의 길, 지친 몸뚱이

고라니. 갈대밭과 염습지를 따라 길을 걷다 보면 자주 만나게 된다.

와 헝클어진 마음을 추스르고 싶다면 이 길에 몸을 맡겨 보자. 장산마을에서 출발해 대대포구로 가는 편이 좋다.

장산(長山)마을

장산마을은 소금이 귀하던 시절, 매우 북적이던 마을이었다. 조선 시대부터 마을에서는 '화염(火鹽)', 곧 '자염(煮鹽)'을 구웠다. 갯벌을 쟁기로 갈아 해수를 머금게 하여 '간꽃'이 피면 뻘 흙을 모아 용기에 담고 해수를 길어다 부어 가마솥에 넣고 불을 지펴 증발시켜서 소금을 만들었다. 그래서 '소금 꾼다'는 말이 있다. 옛 이야기의 소금장수처럼 당시의 소금은 한 가마를 지고 팔러 다녀도 생계가 될 만큼 매우 비싼 금값이었다.

한국전쟁 뒤, 장산마을의 염전은 천일염으로 개간되었다. 뻘 바닥을 롤러로 다지고 해수를 증발시킨 후, 사람이 수차에 올라가 걷듯이 밟아 돌려서 간수를 여러 단계의 염전으로 종일 이동시킨다. 오후가 되면 소금이 수면에 맺혔다가

장산마을 옛 염전터

떨어져 눈처럼 바닥을 덮는데, 마치 맑은 물에 살얼음이 얼듯이 소금이 생겨나는 것이다.

마을 가구 중 절반이 염전에 매달렸는데, 태풍에 염막이 몇 차례 침수되고 시세가 떨어지자 폐염전이 늘어났고, 지금은 염전 둑이 마을 앞 갈대밭에 감추어져 있다. 바닷물의 조위가 높은 그믐이나 보름사리 무렵에 밀물이 들어차면 폐염전의 둑방 주위는 도요새나 물떼새처럼 헤엄을 치지 못하는 물새들의 피난처로 한바탕 요란한 섬을 이룬다.

마을 밖으로 나가는 텃밭 뒤로 순천만의 오랜 형성의 역사를 알려 주는 고른 높이로 침식된 집채만한 편마암이 보인다. 모퉁이를 돌아 농수로를 건너 황톳길에 이르면 본격적인 둑방길이 열린다.

장산둑길

장산둑과 인안둑 · 대대둑으로 이어지는 들머리 일대의 농경지는 원래 바닷물이 드나드는 갯벌이었다. 둑머리에 올라서 보이는 왼편의 얕은 산모롱이를 돌면 외동(外洞)마을이 있는데, 마을 남쪽에 박선정(泊船亭)이 있고, 그 앞을 '배들이'라 부르고 있어 옛날에 배가 닿았다는 흔적이 남겨져 있다.

갯벌과 농경지를 반듯하게 구분한 오늘날의 제방은 일제 강점기와 해방 전후에 실방천으로 언(堰, 방죽)을 막아 조금씩 간척지를 넓혀 오던 중, 큰 홍수 피해를 입을 때마다 더금더금 보수를 거듭하여 완성되었다. 이 둑방을 쌓으면서 산지의 흙을 부었는데, 그래서 바닷가 식물과는 식생이 다른 아카시아나 노루목 · 소루쟁이도 보이고, 일부 구간에는 이식한 작은 소나무와 대나무도 둑방한편에 활착하여 산다.

장산둑길의 은근한 재미는 사람들이 보통 헷갈려 하는 억새와 갈대, 모새달 트리오를 한자리에서 볼 수 있다는 것이다. 갈대와 모새달은 벼과에 속해 꽃대에 쭉정이가 패여 더펄거리는 반면 억새는 그냥 여러해살이풀로, 상대적으로 키도 작고 꽃대가 바람에 나달거리는 모양새로 이렇게 한자리에 있으면 쉽게 구분된다. 뿌리 내리는 위치도 각각 달라 갈대가 염생식물답게 갯벌에 나아가 서있고, 그 뒤가 모새달, 육지 쪽에는 억새가 자리 잡는다.

이 곳 방조제의 갯벌 쪽까지 육상식물인 억새가 보이는 것은 순천만 연안의 퇴적이 상당히 빨라지고 육지화되어가는 습성천이가 진행되고 있다는 증표인 셈이다.

인안둑길

운천천이 흐르는 인안교를 건너 대대포구 언저리까지가 인안둑길이다. 가도 가도 오른편엔 갈대숲, 왼편엔 간척지 논이고, 발 아래엔 저절로 나고 자라는 푸새만 보인다. 조금 달라진 풍경은 안풍들 가운데 조성한 인공 습지이다.

2004년, 어느 민간업자가 이 곳에 동양 최대 규모의 태양광 발전소를 세우자는 계획서를 순천시에 제출했다. 지역 내 산업과 연계하고 고용 효과도 많다는

그럴듯한 제안을 순천시가 받아들였으나 시민단체의 반대 의견이 제기되었다. 태양광 주 부품 소재는 순천 지역 산업과는 연계성이 없고, 고용 효과는 거의 없는 시설이라는 주장과 하늘을 향한 수천 개의 모듈판이 새들에게는 위협적인 경계물로 비칠 것이라는 의견이었다. 결국 오늘날 이 자리는 순천시가 매입하여 순천만을 찾는 수면성 오리들의 휴식처로 이용되는 인공 습지로 만들었다.

5수문을 지나 4수문에 이르면 수로를 따라 나지막이 갯벌 쪽으로 시야가 열린다. 먼 곳을 보면 수로 옆으로 점점이 한 무더기의 물새들이 자리하고 있다. 이 곳은 사시사철 어느 때나 물새를 관찰할 수 있는 것이 정점 중의 하나이다. 특히 갯골 주변에 사초과에 속한 세모고랭이 군락이 있어 이 뿌리를 좋아하는 개리와 흔히 '백조' 라 불리는 큰고니가 즐겨 찾는 장소이기도 하다. 보통 이 자리에서 10여 종 내외의 물새를 쉽게 관찰할 수 있는데, 부리와 발가락의 생김새에 따라 저마다 먹이를 취하는 장소와 습성이 달라 다투는 일 없이 평화롭게 공존한다.

멀리 들녘 너머 북쪽 산등성이의 텃골은 수동·간동·안지·신풍마을이

순천만 따라 이어진 제방길

안풍습지에서 휴식하는
가창오리 무리

다. 행정 구역으로는 안풍동(安豊洞)에 속해 이 인안방조제 일대의 농경지를 '안풍들'이라고 부르는데, 상사댐이 생겨나기 이전에는 대대마을 앞을 흐르는 독틈이 선창에서 고가 수로를 만들어 양수기로 퍼서 농사를 지었다 한다.

맑은 물이 흘러나와서 '물골'이라 부르는 수동(水洞)마을에는 망월정터가 있는데, 그 곳에 살던 '월랑'이라는 고운 처녀와 산천을 유람하며 호연지기를 키우던 '죽사랑'이라는 화랑이 잉어의 도움으로 신분의 차이를 극복하고 혼인에 성공했다는 해피엔딩 스토리가 전해 오고 있다.

전라남도의 해안 일대는 임진왜란과 정유재란을 거치는 동안 이순신이 이끄는 조선 수군의 병참 지원과 병력의 충원 역할을 톡톡히 하였다. 지나온 장산둑 길의 외동마을에는 임란 후 일등 공신으로 책봉된 이종호 장군 후손이 살고 있는데, 청어를 잡아 팔아 군량미를 공급한 일이 『난중일기』에 기록되어 있다. 멀리 보이는 간동마을은 이순신의 막하에서 군령을 지내고 조방한 공이 있다고 하는 서국립 등이 고향으로 가지 않고 정착한 마을이라고 한다. 안지마을에도 이 곳 출신 임란 공신 정호 장군의 사적비가 남겨져 있다.

사실 순천 땅에는 진주성 전투에서 전사한 의병장들의 사당과 칠천량 패전 이후, 수군 재건에 나선 이순신의 주요 행적이 창촌과 승주, 비월 등 곳곳에 남겨져 있다. 특히 순천시 해룡면 신성리 일대의 왜교성 전투는 조일전쟁 7년의 역사를 마감하는 조선 수군과 명나라, 일본의 수륙군 간의 치열한 격전장이었다. 60여 일 동안 지속된 이 전투 중, 이순신은 왜교성에서 빠져나와 퇴각하는 소서행장(小西行長)과 사천 방면에서 이를 지원하기 위해 다가서는 왜군을 격파하기 위해 노량해협까지 쫓아가 싸우다 전사하게 된다.

역사는 거대한 강물처럼 정의를 향해 흐르지만 때론 어느 구간에서는 거꾸로 휘감아 비슷한 내력을 반복하곤 한다. 세월이 한참 흐른 오늘날의 대대둑길에도 일제 강점기의 흔적이 남아 있다.

추수 후 철새들의 먹이로 남겨 놓은 볏짚

대대둑길

대대마을과 어깨를 나란히 하는 지점부터 대대둑길이 시작된다. 조선 시대부터 둑을 막아 농사를 지었으나 비만 오면 범람하곤 했는데, 일제 강점기인 1940년대에 마을 앞에 높은 제방이 만들어지고 간척지가 생겨났다. 이 곳을 '중원'이라는 일본인의 이름을 따서 '중원뜰'이라고 부른다. 그 후 1962년 8월 28일 수해 이후에 밀가루 지원을 받아 높고 튼튼한 제방을 쌓았다. 오늘날 이 뜰은 겨울철에 새들에게 먹이와 휴식처를 제공하기 위해 주민들과 계약을 체결하여 수확 후에도 볏짚을 남겨 두고 보리를 경작하는가 하면, 무논습지를 조성하는 등 철새 보호지로 관리되고 있다.

대대둑이 품고 있는 사연은 다채롭다. 멀리는 일제 패망 후에 급하게 야반도주했던 일인들이 남긴 행적과 1960년대까지는 매해 수해를 입고 시름에 잠겼던 농민들의 하소연이 가득했고, 가까이는 이 둑길에서 골재 채취 반대를 외치며 갈대제를 기획하고 개최했던 시민단체 회원들의 땀방울이 밴 장소가 둑길 곳곳에 가득하다.

홍수에 얽힌 재미난 이야기가 전한다. 대대마을 위편, '동너리'라는 마을 들

대대제방길. 순천만과 논 사이를 따라 길게 이어진 제방은 자연을 만나는 생태 순례길이다.

녘에 '우렁샘' 이라 부르는 샘과 바위가 있고, 그 옆의 묘를 '우렁묘' 라 부른다. 바위에는 움푹 패인 자국이 있는데, 알 구멍, 곧 민속신앙에서 나오는 '성혈(性穴)' 이다. 아이를 갖지 못하는 여인이 목욕재계하고 바위를 쪼아서 구멍을 파놓은 뒤에 새가 그 구멍에 알을 낳으면 임신을 한다는 것이다.

그런데 이 우렁묘의 후손들은 홍수가 져서 묘가 물에 잠기면 홍수에 쓸린 논을 샀는데, 그러면 이듬해에 틀림없이 그 논은 대풍년이 들었다. 바위가 우렁이이고 뒷골이 황새골이라서 물에 잠겨 있어야 황새가 우렁이를 못 잡아먹으므로 홍수에 묘가 잠겨야 복이 깃든다는 이야기이다.

용머리산 가는 길

동천 하구를 벗어나 순천만으로 나아가는 S 자 갯강은 누가 어떻게 찍어도 아름답게 나타난다. 사진에 담으려면 대대포구에서 무진교를 건너 갈대밭을 지나 보통 '용산(龍山)'이라 부르는 용머리산의 전망대에 올라야 한다.

용머리의 한자어는 '용두(龍頭)'이다. 이 '용두'라는 이름은 일제가 행정 구역을 해창면과 용두면을 합하여 해룡면으로 통폐합하기 이전까지 순천시의 동남쪽 일대의 바닷가와 조례동까지를 아우르는 큰 지명으로 쓰였다.

용머리산 아래에는 전해 내려오는 이야기가 많다. 옛날에 용머리산에 사람이 네 명 살았는데. 절벽 위에서 낚시를 하다가 한 사람이 떨어지려고 하자 두 사람이 달려들어 붙잡았다. 그런데 소용없이 오히려 부둥켜안고 미끄러졌다. 마지막 네 번째 사람이 온 힘을 다해 보았지만 그만 팔에 힘이 부쳐서 손을 놓아버렸다. 마지막 사람은 털썩 주저앉아 울다가 낚시에 걸린 모든 물고기를 다 풀어주었다. 그리고 '용의 뿔'이라고 하는 큰 나무에 줄을 매달아 죽고 말았다. 그래서 그 영혼을 달래주려 용머리산 절벽 밑에는 항상 물고기가 많았다 한다.

갈대숲 탐방로

무진교에 올라서면 광활한 갈대숲이 펼쳐진다. 갈대는 해마다 새로 나고 지기를 반복하는 다년생 식물로, 주로 적당한 염분 농도의 강 하구에 자생한다. 갈대와 비슷한 생김새이면서도 불쑥불쑥 키가 솟아 도드라져 보이는 것은 모새달이다. 멸종 위기 식물로, 갈대보다 염분이 낮은 곳에 서식한다.

갈대숲 탐방로를 걷다 보면 발 밑에서 꼬물거리는 게와 짱뚱어, 망둥어를 볼 수 있어 재미를 더해 준다.

갈대밭에는 주로 농게·방게·가지게·말똥게·붉은발말똥게·도둑게 등

무진교와 대대포구

갈대숲 탐방로
목책길

갈대숲을 관찰하는
탐방객들

갈대숲 사이를 다니는
생태 체험선

용산과 앵무산 너머로
아침 여명이 밝아온다.

이 살고 있는데, 이 중 붉은발말똥게는 멸종 위기종 II급에 해당하는 귀한 것으로, 순천만에서는 쉽게 관찰되나 다른 곳에서는 보기 힘든 보호종이다. 이 붉은발말똥게와 아주 흡사하게 생긴 놈이 도둑게로, 설명을 듣지 않으면 구분이 안 된다. 도둑게는 갯벌을 벗어나 마을이나 야산까지 올라간다. 말 그대로 부엌에서 밥을 훔쳐먹을 정도로 적응력이 좋은데, 자세히 보면 껍딱에 도둑질을 용서해 달라는 듯이 웃는 표정의 스마일 문양이 또렷하다. 이에 비해 붉은발말똥게는 다소 우락부락한 껍딱의 생김새로 구분된다.

갈대숲 여기저기 햇볕에 노출되는 갯벌에는 짱뚱어와 말뚝망둥어가 부지런히 움직이는 것을 볼 수 있다. 짱뚱어와 말뚝망둥어·큰볏말뚝망둥어는 서로 비슷하게 생겼으나 짱뚱어의 색깔이 더 푸른빛을 띠고, 눈이 더 튀어나왔으며, 지느러미와 몸 쪽에 흰색의 작은 점이 흩어져 있다.

용머리산 길

갈대숲 탐방로가 끝나는 곳, 용머리산 들머리 왼편에 너른 들이 보인다. 저 멀리 순천 시가 쪽의 넓은 들을 이 곳 사람들은 '해창뜰'이라고 부른다. 들 가운데 흔들바구가 있는 작은 동산이 보이는데, 조선 시대에는 이 동산과 고속도로 앞의 해창마을 사이에 '용두포'라는 포구가 있었다. 조선 시대에 세곡을 해창에 저장해 두었다가 서울 마포강에 있는 경창(京倉)으로 운송했던 조운선이 정박했던 포구로, 당시에는 이 뜰 일대가 바닷물이 드나드는 갯벌이었다. 그러던 것이 일제 강점기와 해방 전후로 중흥·해창·선학·농주리 일대에서 앞다투어 언(堰)을 막아 간척되다가 1962년 순천 대홍수 이후 해룡천의 둑이 정비되면서 넓은 뜰이 되었다. 용머리산 초입에서 용산전망대까지는 왕복으로 40분 정도의 거리이나 발길을 붙잡는 곳이 많아 대략 한 시간 전후는 잡아야 한다.

가을철 산모롱이에는 개미취, 쑥부쟁이, 감국, 구절초 등 야생 들국화들이 오롯이 피어난다. 오르막이 시작되면 두 갈래 길을 맞이하는데, 경사로인 '명상의 길'과 계단이 많은 '다리 아픈 길'이다. 각각 경사가 완만하거나 급한 길로, 어디라도 좋다. 용산의 첫 굽이에 올라서면 지나왔던 갈대숲 작은 길과 대대포 구가 아스라한 물길을 따라 추억 속의 나들이처럼 가물거리게 보인다. 전망대로 향하는 소나무 숲길 틈새로 희끗희끗 마을들이 스치고, 오른편엔 순천만이 자랑하는 웅장한 비경이 잡목에 가리어 감추어져 있다.

비로소 두 번째 산굽이를 연결하는 산마루에 올라서면 하늘이 내린 정원, 멀리 병풍처럼 드리운 산자락까지 끝없이 뻗은 갯벌과 그 위를 수놓은 갈대 군락이 드넓게 펼쳐져 있다. 갈대 군락은 마치 둥그런 원형의 포진으로 무리를 이룬 여러 군단처럼 약진하듯 바다로 향한다.

이 곳에서 전망대까지는 잔잔한 능선길로 한달음에 용산전망대까지 닿는다. 잡목 숲 사이로 건너편 동쪽의 앵무산 자락에 크고 작은 마을들이 보인다. 율리·계당·선학·무룡, 이 마을들은 모두 선학리(仙鶴里)에 속하는데, 남도의 어지간한 갯마을엔 '학(鶴)'이란 지명이 널려 있다. 우리 조상들은 황새나 두루미·백로를 모두 학으로 불러왔고, 행운과 장수의 징표로 삼아왔다. 이 곳 선학리나 바다 건너편 별량면의 학산리도 모두 그러하다.

선학리 앞 일대도 모두 갯벌이었다가 농토로 변한 곳, 천석꾼-만석꾼의 입지전적 설화와 교훈이 함께 전해진다. 선학리에 인시(寅時)에 묘를 쓰면 묘시(卯時)에 발복한다는 터가 있다. 그 명당터라 하는 곳에 추씨(秋氏) 묘가 있는데, 공교롭게 얽힌 설화가 전해 온다.

추 도령이 머슴을 사는데, 주인이 과객이나 걸인들을 박대하자 몰래 후하게 대해 주곤 했다. 어느 날 스님이 찾아왔는데, 추 도령은 자기 점심을 드렸다. 그 스님은 고맙다며 한 곳을 가리켰다.

"저기다 묘를 쓰면 인시에 하관하여 묘시에 발복할 자리요."

추 도령은 아버지가 돌아가시자 그 자리에 모셨다. 그런데 이튿날 명태를 가득 실은 배가 흔들바구 앞 선두창에 왔다. 한 사람이 추 도령을 찾아와 말했다.

"이 명태를 맡아 주시고 살 사람이 있으면 파시오."

추 도령은 명태를 팔아 그 돈을 놀려 큰 부자가 되었다.

추 부잣집에 걸인들이 밀려왔다. 그런데 추 부자는 가난했던 시절을 잊고 걸인들을 내쫓았다. 어느 날 스님이 찾아왔는데 문전박대를 하자, 스님이 말했다.

"저 용머리의 두 섬 사이를 파면 더 큰 부자가 될 것이오!"

추 부자는 스님의 말을 믿고 섬 사이를 팠다. 그랬더니 재물 운이 그 사이로 빠져나가 추 부자는 망했다.

"바다는 메울 수 있어도 사람의 욕심은 못 메운다."는 속담은 마치 이 곳 바다를 막아 너른 들판이 되었던 해창뜰의 추 도령 이야기에서 유래된 듯하다.

이윽고 용산전망대, 순천만의 전경이 한눈에 들어온다.

여수의 구룡반도를 돌아 넓은 바다로 가는 물목에 놓인 여자도와 백야도. 고흥 방면으로는 팔영산, 벌교 쪽 바다로는 장도가 보인다. 갯벌 건너편에 육지에서 바다로 뻗어내린 곶(串)은 화포와 우명포구이며, 그 옆의 삼각형 모양으로 불쑥 솟은 산은 별량면의 첨산이다.

전망대에는 꽤 성능이 좋은 망원경이 여러 대 비치되어 있다. 연안 곳곳의 염습지와 갯골 수로에 초점을 맞추면 얕은 물가에서 쉬거나 먹이를 찾는 물새들을 생생하게 살필 수 있다.

문득 그리운 이가 떠올랐다면 전망대에 마련된 우체통을 이용하면 좋다. 느림보 우체통과 빠른 우체통. 느림보는 특정 기념일에 맞추어 마음을 전달해 주고, 급한 사연은 빠른 우체통에 맡기면 된다.

갯벌로 가는 길

용산전망대에서
순천만 일몰을 바라보는 탐방객들

와온의 일몰

용산전망대에서 산허리를 타고 내리면 농주리 쪽으로 향한다. 내려오면 잠시 어리둥절한 환경을 맞게 되는데, 바다 쪽은 갈대숲이 빼곡히 차서 전혀 보이지 않는다. 육지 쪽만 남도 삼백 리 길의 연장선으로, 해안을 따라 열려 있다. 왼편으로 농주리 구동마을이 보인다.

구동(九洞)마을

마을 사람들은 농주리보다는 '파랑바구'라 부른다. 고개 너머 큰 마을 입구에 바위가 있는데, 어느 날 노승이 "이 근처에 집터를 잡으면 종자 천 섬을 하리라."며 바랑 속에서 내놓은 돌멩이가 '바랑바구'라 하는데, '파랑바구'로 소리가 변했다. 어찌되었건 세월이 흘러 마을 앞의 갯벌이 변하여 해창뜰이라는 넓은 농토로 변했다. 어떤 이는 앞산을 용머리라 생각하고 파랑바구를 용이 가지고 노는 여의주로 여겨 '농주(弄珠)'로 개명했다고 풀이하기도 한다.

구동마을에는 제법 큰 우물이 있어 밤눈 어두운 아이가 생기면 헌 솥을 머리에 이고 그 아이를 업고 골목을 돌면 우물물을 바가지에 담아 아이의 머리에 뿌려 병을 치료했다는 이야기가 전해 내려온다. 마을에는 거북이의 등껍질처럼 울퉁불퉁 갈라진 거북바위가 있는데, 그 이름이 말해 주듯 장수마을로도 유명하다.

구동마을에서 남도 삼백 리 길이 이어지는 노월마을까지는 칠면초 군락지가 일품이다. 이 곳을 가로지르는 해안길은 예전에는 철새나 염생식물을 관찰하는 이들이 물이 빠질 때를 기다려 접근하는 비밀스러운 장소였다. 그러나 요즘은 용산으로 향하는 방문객을 와온 해변까지 이끌기 위해 갯벌의 상조간대에 돌무더기를 놓고 흙으로 다져 너른 길이 되면서 호젓한 맛이 사라져 버렸다.

이 길목은 민물도요새의 번쩍거리는 비행이 자주 연출되는 곳이다. 작은 도

화포마을 뒷산 봉화산에서 바라본 일몰

요새들의 번쩍거리는 비행을 마주친다면 소리 지르고 박수를 치기보다는 녀석들이 경계하는 몸짓일 수도 있으니 조용히 몸을 낮추어 이동하는 편이 좋다.

노월(蘆月)마을

칠면초 군락지가 끝나는 곳에 보통 '솔섬'이라 부르는 아주 작은 섬, '사기도'가 보인다. 마을 앞 산등성이가 활처럼 굽어 바다를 가리고 있는데, 산자락에서 바라보면 조그마한 섬 주위에 있는 갈대밭에 달이 떠서 비칠 때, 마치 그 섬이 배에서 노를 젓는 것처럼 보여서 '노월(蘆月)'이라고 했다고 한다.

마을 앞 수로를 따라 작은 갯골이 흐르고 바다 쪽으로는 뻘배가 지나간 자국이 선명하다. 뻘배는 갯 위를 다니기 위해 만들어진 것으로, 이 곳에서는 보통 '널'이라 부른다. 부녀자들은 이 널을 자기 몸에 맞는 크기로 주문해서 사용했는데, 물때에 맞추어 바다로 나간다.

물때는 바닷물의 조위와 세기가 지구의 자전과 공전, 기울기에 의해 생기는 달과의 중력 차이에 의한 변화로, 한 물부터 열다섯 물까지 센다. 게는 물때와 관계없이 채취할 수 있으나, 짱뚱어나 맛조개는 물때의 영향을 많이 받는다. 보름마다 한 번씩 돌아오는 물때에 맞추어서 보통 5~6일 정도 채취 작업을 할 수 있다. 물이 많이 드는 음력 8월의 추석씨와 10월 보름씨 때는 다섯 물때부터 시작하나, 보통은 여섯 물때부터 작업을 시작하여 아홉 무시날까지 작업을 할 수 있다.

1990년 전후까지는 갯벌의 생산성이 뛰어나 자연산 참꼬막과 맛조개, 짱뚱어가 넘쳐났다. 맛과 참꼬막의 채취가 여자들의 일이라면, 바다 깊은 곳에서의 새꼬막 종패의 채묘와 살포는 남자들의 일이다. 참꼬막 채취는 수심이 깊은 곳에서는 배를 타고 다니면서 기계로 채취하고, 얕은 곳에서는 기계를 널에 부착하여 작업하기도 하나 대부분은 손으로 채취한다.

갯일을 마치고 돌아온 아낙네

뻘배. '널' 이라고 부르며 펄개펄에서 주로 이용한다.

부녀자들은 널 위에 동우를 놓고 그 위에 가슴을 덮을 수 있을 정도로 큰 '가슴또개'를 얹는다. 동우에 가슴을 바로 대면 아프기 때문에 이 또개를 얹고 엎드려 양손으로 꼬막을 주워서 부대에 담는 방식으로 채취한다. 새꼬막은 배를 타고 나가 기계로 채취하는데, 10월부터 다음 해 3월까지 집중적으로 채취한다. 순천만은 새꼬막 종패의 최고 생산지로, 채묘한 종패는 외지로 팔거나 마을 앞 갯벌에 살포한다.

참꼬막은 순천만과 벌교, 고흥 동강 갯벌 등지의 특산물로서 『세종실록지리지』나 『신증동국여지승람』에 전라도의 토산물로 올라 있기도 하다. 이 지방에서는 참꼬막을 제사상에 올린다 해서 '제사꼬막'이라 부르며, "감기 석 달에 입맛이 소태 같아도 꼬막 맛은 변함없다."란 말이 전해질 정도로 누구나 즐기며 귀하게 여긴다. 반면에 새꼬막은 참꼬막에 비하여 맛이 다소 떨어지므로 개꼬막으로 불리기도 한다. 꼬막은 가을 찬바람이 갯벌을 감쌀 때 비로소 쫄깃한 맛이 들기 시작하는데, 한겨울 설을 전후해서 속이 꽉 차 탱탱해지고 알을 품기 직전인 봄까지가 제맛이다.

맛조개 채취는 별다른 도구도 없고 힘이 많이 쓰이는 일이다. 맛 구멍을 찾아 감각적으로 채취한다. 이 곳에서는 맛 채취를 '뽑는다'고 말한다. 일정한 지역까지 널을 타고 들어간 다음 30~60cm 깊이에 들어 있는 것을 잽싸게 손으로 뽑아내야 한다. 맛은 워낙 눈치가 빠르고 재

순천만에서 나오는 '맛조개'

빨라 한쪽 발을 뻘에 깊숙이 박아서 맛이 구멍 속에서 더 이상 내려가지 못하도록 한 후에 구멍에 손을 집어넣어서 재빠르게 꺼내야 한다.

한때 노월마을은 맛조개가 가장 많이 나는 곳 중의 하나였다. 이렇게 힘들게 채취한 맛조개는 값도 좋고 일본으로 전량 수출해 마을 부녀회의 큰 소득원이 되었다. 그러나 노월마을 인근은 2005년을 전후하여 여러 가지 원인으로 맛과 참꼬막은 거의 생산되지 않고 있으며, 갯벌의 생산성도 감소하였다. 대신 순천만의 맛조개는 용두리 갯벌 일대에서 주로 채취되어 일본으로 전량 수출되고 있다.

노월마을에서 와온으로 향하는 방조제 아래에는 해홍나물 군락지가 있다. 해홍나물은 얼핏 보아서는 칠면초와 구별되지 않고 만져 보아야 식별이 가능하다. 서식하는 장소도 상조간대, 염분의 농도가 칠면초보다 약한 다소 딱딱해진 갯벌에 서식하는데, 군락지 주변에는 역시 상조간대에 사는 농게가 제 몸뚱이보다 큰 집게발을 들고 이리저리 돌아다니며 큼직큼직한 구멍을 성성히 뚫어 놓았다.

방조제가 끝나는 곳에는 방석나물과 나문재, 비쑥 등 여러 종의 염생식물이 자생하고 있어 그 특성을 비교하고 공부하기에 좋은 장소이다.

해지는 곳, 와온(臥溫)

'와온'의 우리말 이름은 '눈데미' 또는 '누운데미'인데, '누운'은 '와(臥)'로, '데미'는 '불에 데다'로 생각하여 '온(溫)'으로 뜻을 옮긴 이두 표기의 이름이다. 마을 뒤 소코봉이 소가 누워 있는 형상이라서 '와온'이라 하였다 하는데, 얼핏 온천이 솟을 것 같은 지명으로 한때 온천을 개발한다고 사람들이 몰려왔으나 허탕만 쳤다고 한다.

와온에서 바라보는 순천만의 하루 해는 계절에 따라 위치를 바꿔 가며 건너편의 봉화산과 첨산, 운동산 너머로 숨는다. 일몰의 시간보다 조금 일찍 도착했다면 포구마을을 둘러보아도 좋다.

물안개 낀 선착장 　　　　　　　　　　　　　　　　　　　　　　와온마을 앞 갯벌 풍경

　　마을의 동편 쪽으로 가다 보면 언덕바지에 '용화사'라는 사찰과 소코봉에 오르는 등산로가 있다. 소나무 오솔길을 따라 1㎞ 남짓 오르는 길에 소코뚜레 생김의 바위가 보이면 바로 근처에 있다. 산마루에서 바라보이는 순천만과 여자만의 정취가 다사롭기 그지없다.

　　산을 내려오면 바로 앞 해안가에는 성장하는 갈대 군락지와 하늘거리는 사초, 갯잔디 등 염생식물이 펼쳐져 있다. 발걸음을 멈추고 모래가 섞여 있는 갯벌 쪽을 가만히 내려다보면 하얀 조각들이 이리저리 꼬무락대는 것을 느낄 수 있다. 눈이 익숙해지면 손마디보다 작은 하얀 것들이 농게 특유의 집게다리를 치켜들고 씨억씨억 움직이는 모습이 보일 것이다. 다른 곳에서는 보기 힘든 보호종인 흰발농게이다. 게는 소리에는 둔감하지만 움직임에는 민감하다.

　　일몰 전망대나 포구 끝에서 아무렇게나 자리를 잡으면 드디어 순천만의 장엄한 일몰이 시작된다.

순천만 지키기와 명품화

순천만 보전 시민운동

순천 지역의 시민단체는 1996년부터 전남 동부 지역 사회연구소(약칭 '동사연')를 중심으로 순천만 일대에서의 가시화된 개발 계획을 철회시키기 위해 장장 10여 년의 기간 동안 전력을 다하였다. 그 과정에서 순천만 자연생태계의 가치와 아름다움이 널리 알려지기 시작했다. 2004년에 이르러서는 지방자치단체도 섣부른 개발보다는 보전에 무게를 둔 정책으로 전환하여 생태공원화를 추진하기 시작했다.

널리 알려진 순천만 갈대축제는 시민단체가 진행한 보전운동의 일환으로 기획되어 개최되었다. 오늘날 국내외적인 명소로 발돋움한 순천만 자연생태공원은 지방자치단체의 전향적인 노력이 해를 거듭하면서 습지 보전 지역 지정, 람사르 습지 등록, 명승지 선정 등으로 구체화되면서 이루어 낸 성과들이다.

순천만은 개발과 보전 사이의 쉽지 않은 갈등과 대립의 요소를 지역 구성원들이 다양한 방식으로 슬기롭게 풀어온 보전운동의 역사이자 지금도 이어 가고 있는 현재 진행형이다. 순천만의 다양한 자연생태계의 아름다움 못지않게 순천만 생태공원화의 역사를 살펴보는 것은 우리 시대 환경 문제의 현실을 이해하고, 지역 자원에 기반을 둔 지방자치제의 발전 방안을 찾기 위한 담론을 제시하는 데 시사하는 바가 많다.

대대포구에서의 순천만 지키기 홍보 활동

1990년대 동천 하구 골재 채취선

국제적인 보호 조류의 출현

1996년 11월 첫 시작된 순천만 생태계 조사는 순천시의회 특위와 동사연이 협력하고 김수일(조류, 한국교원대), 이인식(습지생태계, 마창환경련), 양운진(수질, 경상대), 오경환(질소, 인) 등의 전문가가 자원봉사로 참여하였다.

그 결과는 놀라웠다. 국내외 전문가들의 이목이 집중되는 중요한 생태자원이 발견된 것이다. 흑두루미를 비롯해 황새, 재두루미, 검은머리갈매기 등 국제적으로 멸종 위기에 처한 국제자연보호연맹의 적색 목록에 등재된 철새들의 상당 개체가 관찰되었다. 이듬해 조사에서도 매, 저어새, 검은머리물떼새 등 천연기념물 9종과 람사르 협약의 기준을 충족시킬 만큼의 많은 개체의 흑두루미, 저어새, 검은머리갈매기, 마도요 등이 발견되는 등 순천만은 국제적으로도 보호 가치가 있음이 거듭 입증되었다. 이러한 사실이 언론을 통해 확산되자 골재 채취를 겸한 하도 정비 사업을 반대하는 시민운동은 더욱 힘을 얻게 되었다.

1997년 1월에는 온 나라의 습지 보전 활동에 힘쓰고 있는 NGO 활동가들이 순천시에 집결하여 전국 습지 보전 연대회의를 결성하고, 워크숍을 개최함으로써 순천만 보전운동은 전국적인 환경단체들의 지원을 받기 시작하였다.

순천만의 보호 가치가 확인된 시점부터는 김수일·이인식·고철환·Nial Moores·미우라타다오 등의 국내외 전문가들이 자발적인 생태계 조사를 전담하였고, 그 결과의 홍보가 1998년 6월까지 지속되었다. 이 과정에서 동사연을 비롯한 시민대책위원회는 순천만을 방문한 국제적인 조류 보호 단체와 교류 및 연대 활동을 통해 순천만 하구 골재 채취 사업의 반대운동에 국제적인 협력을 받을 수 있는 밑바탕을 형성하였다.

독수리

물수리

노랑부리백로

이른 아침, 먹이터로 날아가는 흑두루미 떼

순천만 갈대제의 태동

시민단체는 행정기관을 상대로 정보공개청구·행정심판·환경평가에 대한 질의·감사청구 등 제도적 압박을 가하는 한편, 시민들의 공감대 확산을 위해 문화적인 홍보활동으로써 순천만 갈대제(이하 '갈대제')를 기획하였다.

갈대제는 순천만의 아름다움을 널리 알려 골재 채취 반대 여론을 확산시킬 목적으로 시민단체 회원들의 성금을 모아 추진한 문화 행사이다. 오늘날 남도의 대표 축제가 된 순천만 갈대축제는 1997년 11월, 시민단체 구성원들의 헌신적인 자원봉사와 열정으로 막을 열었다.

이 축제는 순천시의 무관심과 일부 주민들의 반대 행동에도 불구하고 당시의 먹고 마시는 일반적인 축제와는 달리 자연환경을 소재로 한 생태문화체험 프로그램을 선보여 신선한 이미지로 박수를 받았고, 다음 해 전라남도에서는 전남 10대 문화축제에 순천만 갈대제를 선정하기도 하였다.

그러나 갈대제로 인해 순천만이 알려질수록 골재 채취를 찬성하는 일부 주

국제적인 조류 보호 단체의 연대와 지원, 협력은 순천만 보전의 큰 힘이 되었다.

민들과 사업자의 방해는 더욱 집요해졌고, 행사장 입구에 시민단체를 비난하는 현수막이 걸리는가 하면, 갈대밭에 불을 지르고, 축제의 상징물인 흑두루미 취식지를 방해하기 위해 일부에서는 논을 갈아엎기도 하였다.

1998년 들어 환경부 · 문화재관리국 · 국립공원관리공단 등 정부의 유관기관단체의 순천만에 대한 방문이 증가하고, 생태 기행단의 발길이 부쩍 늘어났다. 시민단체는 사업 취소를 위한 전국적인 목소리를 모아가고 국제적인 연대 활동을 가시화하였다. 그 해 6월 초, 서울에서는 순천만 보전을 촉구하는 전국 환경단체의 공동성명서가 발표되었고, 6월 중순에는 Wetland International 등 국제 습지 단체의 전문가들이 순천을 방문, 순천만 보전을 촉구하는 기자회견을 개최하였다.

1998년 9월, 마침내 순천시는 더 이상 골재 채취 사업을 진행할 명분을 잃고 순천만 골재 채취 사업에 대한 허가를 전격 취소하였다.

순천에서 개최된 2008년 세계 습지 NGO 대회에 참석한 외국의 전문가들이 순천만을 둘러보고 있다.

순천만 일원의 개발 계획 공방

2000년 들어 순천만은 생태 관광지로 주목받기 시작하였다. 대대포구의 광활한 갈대밭에는 겨울철새 중 진객이라 할 흑두루미를 찾는 발길이 끊임없이 이어졌다. 그 해 2월에는 '두루미 보호 국제심포지엄'이 순천시청 회의실에서 개최되었으며, 주민과 시민단체·시 관계자가 합동으로 일본의 두루미 월동지 이즈미시와 홍콩의 마이포 습지를 둘러보며 순천만의 현황과 견주어 보는 해외 선진지 시찰도 실시되었다. 비로소 순천만은 보전해야 할 생태적 가치가 충분한 명소로서 지역 사회에 확실한 자리매김을 하였다.

순천시는 그 구체적 안으로 순천만에 자연생태공원을 조성하겠다는 구상을 밝혔으나 시민단체와의 마찰의 불씨는 여전히 산재했다. 시민단체는 하도 정비 사업의 규모와 내용이 순천만의 생태계를 위협할 만큼 부적합하다고 판단하여 수차의 정보공개청구와 민관합동조사를 실시하는 등 사업 축소에 나섰으며, 자연생태공원의 플랜도 생태 보전보다는 관광 목적에 기울어 있다고 비판하였다. 또한 급격히 증가하고 있는 순천만의 인공 시설물인 새우 양식장, 실버타운, 해수찜질타운에 대한 순천시의 허가 관리 조치가 미온적인 대응에 그치고 있다며 시정할 것을 촉구하였다.

학산리, 안풍리 일대의 태양광 발전소 유치 건립 계획에 대해서도 한바탕 뜨거운 논쟁이 붙었다. 당초 동양 최대의 태양광 발전소를 유치하겠다는 순천시의 계획에 대해 시민단체는 고용 효과가 없으며, 지역 산업과의 연관 효과도 미미할 뿐더러 향후 순천만의 효율적인 이용에 장애가 될 시설물이라는 입장을 굽히지 않았다. 그 결과 최소 규모로 제한된 시설만 들어서게 되었다.

순천만이 점차 부각되면서 농주리 일대는 해수탕과 실버타운, 오리 사육장의 설치 등 크고 작은 개발 욕구가 분출하였으나 시민단체는 생태적 이미지를 훼손하고 순천만의 중장기적 관리에 저해가 될 소지가 많다고 주장하며 순천시

순천만 흑두루미의 보전과 관리를 위한 심포지엄

에게 허가 불허와 환경 관리 규제를 촉구하기도 하였다.

　순천만 자연생태관 건립에 대해서는 원칙적으로 순천만 인근에 큰 규모의 인위적인 구조물이 들어서는 것은 반대하지만 순천만 보전을 위한 우선적인 대책이 될 수도 있다는 입장에서 찬성하였다. 다만 중심 시설 지구와 갯벌 체험장, 용산전망대를 제외한 지역의 시설 계획안은 철회할 것을 요청하였다.

개발과 대립에서 보전과 협력의 화두로의 전환

　2003년 봄, 순천만과 접한 동천 하구둑에서 쑥부쟁이 심기 행사가 있었다. 시민단체가 주도하여 일부 주민이 참석하고 시 관계자가 배석하였다. 곧이어 4월, 주민과 시민단체·순천시가 함께 참여하여 순천만 관련 현안을 논의하는 '순천만협의회'가 구성되었다. 순천만을 향한 시선이 개발과 대립에서 보전의 화두로 완연히 바뀌는 새봄이었다.

　그해 가을, 습지 보전 지역 지정을 위한 주민 공청회가 마무리되고, 12월에 순천만 일대가 습지 보전 지역으로 공포되었다. 이듬해인 2004년 11월, 순천만 생태공원이 개관되었으며, 그 해 제7회 순천만 갈대제는 순천시가 주최하고 지역 주민과 시민단체가 공동 주관하여 프로그램을 나누어 진행하여 치렀다.

이렇듯 수많은 파고 속에서 순천만 보전의 주체라 할 주민과 시민단체, 행정은 마침내 한 배에 올라타게 되었지만 가고자 하는 방향은 조금씩 달랐다.

순천만 보전 시민운동은 현재 진행형

2004년 11월, 순천만은 자연생태관 건물의 개관을 전후로 습지 보전 지역 지정·람사르 협약 국제습지 등록·한국의 명승지로 선정되면서 보호 습지로서의 법제적 여건을 갖추게 되었고, 이른바 생태관광지화라는 개발은 급속하게 추진되었다.

우리나라 대부분의 지방자치단체가 기업 유치 후 일자리 창출 일색의 청사진을 펴왔던 것과 달리 순천시는 일찍부터 순천만의 생태자원화를 기정사실화하여 오늘날에 와서는 자치 행정의 모범 사례로 전국적으로 알려져 있다.

그러나 순천만의 오늘이 있기까지 숱한 개발 계획을 막아내고 자연 경관을 온전히 지키기 위해 헌신해 온 순천 지역 시민단체의 노력이 없었다면 순천만의 오늘과 같은 모습은 불가능하였을 것이다.

순천만 보전 시민운동은 현재 진행형이다. 시민단체는 지금도 자치단체의 지나친 관광 실적화에 따른 인위적 시설물의 증가를 우려하며 정보공개청구, 감사청구, 행정심판 등의 제도적 수단을 활용하여 반대에 나서거나 개선을 촉구하고 있다. 또한 순천만 갯벌의 건강성을 유지하기 위해 갯벌지기단을 구성하여 주기적으로 생태계 모니터링을 실시하고 있다. 그리고 한편으로는 주민과

순천만 자연생태공원 전경

행정, 시민단체가 지역공동체의 구성원으로서 서로의 장점을 활용해 순천만의 건강성을 유지하면서 주민 소득에도 기여할 수 있는 거버넌스형 관리 체계를 실시해 줄 것을 순천시에 꾸준히 요청하고 있다.

순천시의 순천만 브랜드화

순천만 자연생태공원 조성과 현재의 순천만 브랜드화 성공신화는 대대포구 일대와 순천만 일원의 크고 작은 개발 계획에 반대하고, 자연의 가치를 올바르게 지키고 보전하고자 노력했던 시민단체의 활동에서 출발하였다. 순천시는 이 과정에서 골재 채취 및 하도 정비 사업의 인허가 주체라는 행정적 입장에 매여 많은 비판에 직면해야 했다. 그러나 순천만의 생태적 가치가 널리 알려지면서부터 순천시는 순천만을 지역 발전을 위한 생태환경자원으로 적극 활용하기 시작하였다.

이른바 광양만권 산업단지 배후의 정주도시로서의 살기 좋은 도시 이미지 창출을 위하여 순천만을 부각시키면서 쾌적한 환경, 생태 도시를 상징하는 랜드마크로 적극 홍보하였다. 하늘의 이치를 따르라는 순천(順天)의 지명이 갖는 의미처럼 순천시 행정의 방향은 자연환경에 대한 기존 개발 위주(환경 파괴)의 세계관을 지양하고 도시의 생태적 건강을 유지하며, 보전과 지속 가능한 이용을 추구하는 생태와 환경 중심의 시대 흐름에 따라간다.

순천시의 이러한 노력은 '그린 순천 21'을 거쳐 '생태 수도 순천' 등의 지역 브랜드로 구체화되었으며, 민선 3기 때 시작된 순천만 자연생태공원화 사업은 민선 4기에 들어서 다양하고 구체적인 사업으로 본격화되었다. 그 결과, 오늘날 순천만은 짧은 기간에도 생태 관광의 전국적 명소로 자리 잡았으며, 이러한 성과는 지역 자원에 기반을 둔 지역 발전 전략의 모범 사례로 정부부처와 관계 기관들로부터 널리 인정을 받았다.

순천만 자연생태공원 조성

순천만 자연생태공원은 남해안 관광벨트사업으로부터 추진되었다. 이 사업은 2004년 문화관광부가 6대 광역권 관광개발 정책의 하나로 실시한 프로젝트이다. 이는 남해안 지역을 국제적 수준의 대표적인 광역 관광 거점으로 조성하기 위해 지난 2000년부터 2009년까지 전남, 경남, 부산 등 23개 시·군에서 총 64개 사업을 추진했다. 경남의 남해 하모니 리조트, 고성 백악기 공룡 테마파

순천만 자연생태공원에 조성된 낭트 정원

크, 김해 도예촌, 전남 신안 증도 갯벌 생태공원, 순천만 생태공원, 부산 을숙도
생태공원 등이 대표적인 개발 사례다. 순천시는 2004년 11월, 지상 3층 규모의
순천만 자연생태관을 건립했다.

- 2003. 12. 31   순천만 갯벌 습지 보호 지역 28㎢(국토해양부 제3호)
- 2004. 9. 21   동북아 두루미 보호 국제 네트워크 가입
- 2006. 1. 20   람사르 협약 등록(람사르 사이트 제1594호)
- 2006. 8   문화관광부 · 한국관광공사 경관 감상형 최우수 지역 선정
- 2008. 6. 16   문화재청 국가지정문화재 명승 41호 지정
- 2011. 5   미슐랭 그린가이드 최고의 여행지 선정

순천만의 미래

2006년 12월, 순천시는 '희망 순천 2020'이라는 순천 장기 발전 전략 계획을 수립하면서 순천만의 생태자원을 보전하면서 효율적으로 이용할 수 있는 선진국형 관광 모델인 경관 감상형 자원으로 개발해야 한다는 전략을 수립하였다. 순천만을 효율적으로 관리하고 생태 관광 활성화 사업을 진행할 수 있도록 관광진흥과를 신설하고, 행정직과 농업직·수산직·환경직·기능직 등 필요한 직능 계열을 한 과 내에 모두 배치하여 기획에서부터 실행까지 전담하게 했다. 순천만 브랜드화의 초기에는 갈대제 전국화 및 순천만의 지속적 보존을 목표로 삼고 관광진흥과에 '순천만 보전 담당'을 신설해 습지와 생태계, 관광 업무를 통합하여 신속하게 처리할 수 있게 하였다.

순천만 생태자원의 가치를 높이고 고부가가치를 창출할 수 있는 순천만 보호정책, 세계화 전략, 여가형 서비스와 다양한 상품을 개발해 활용할 것 등의 로드맵이 제시되었다. 이에 따라 낙조 감상, 산책, 드라이브, 철새 관광, 경관 사진전, 해상 유람, 바닷가 생물소리 감상 등의 활동과 전문 해설사의 안내로 특화된 내용이나 전래설화 등 지역 테마가 가미된 스토리텔링, 추억여행 등의 콘텐츠가 순천만 일원에서 선보이게 되었다. 생태 탐방로, 갯벌 관찰장, 순천만 천문대, 갈대열차, 순천만 쉼터, 생태 탐방선, 용산전망대, 순천만 문학관, 내륙 습지, 갯벌 복원 등은 이러한 전략이 순차적으로 국비 등 예산을 확보하면서 이루어낸 성과들이다. 또한 순천시는 어촌 민박, 펜션, 한옥단지, 유스호스텔 등을 확충하여 생태 관광의 효과가 주민 소득화로 연계될 수 있도록 꾸준히 관심을 기울이고 있다.

순천만의 가치를 알리기 위해 시작되었던 순천만 갈대제는 해를 거듭하면서 차량 운행을 최소화하고, 현장에서 대규모 공연이나 집회 등을 자제하며, 다양한 생태문화 체험형 프로그램과 학술적 행사를 병행하는가 하면 순천시민들과

순천만 생태 관광

순천만자연생태관에서
공부하는 아이들

지역의 향토문화예술인들의 참여 폭을 넓혀 가면서 바람직한 생태축제의 모습
으로 변모시켰다. 해마다 늦가을 갈대숲과 흑두루미의 정취를 감상하고자 하는
인파가 전국적으로 몰리면서 순천만 갈대제는 점차 순천만 일원의 행사장에 머
물지 않고 도심권 동천의 천변과 예술회관, 문화의 거리 등으로 프로그램이 확
장되는 추세에 있다. 또한 순천만의 대표적 자원인 갈대를 소재로 한 다양한 물
품의 관광상품화와 짱뚱어·흑두루미·농게 등의 캐릭터의 활용, 친환경 농산

물 등 지역 특화상품의 홍보가 갈대제를 통해 시도되고 있어 축제를 통한 지역 브랜드 창출의 잠재력을 높이고 있다. 순천만 갈대제는 점차 순천시민들에게 생태자원의 가치를 인식하고 자긍심을 심어 주는 행사로 자리매김하고 있으며, 또한 축제를 통해 지역경제 활성화에도 도움을 주는, 전국적으로 손꼽히는 축제로 발돋움하고 있다.

순천만 생태 관광의 기반 마련은 지역 주민의 원활한 협조 없이는 성공할 수 없다. 지역 주민의 직접적인 이해관계를 해결하기 위해 순천시는 대화와 타협, 적절한 보상을 원칙으로 문제를 해결하고자 노력했다. 2007년 4월부터 '순천만 자연생태공원 운영 조례'에 따라 지역민과 환경단체·전문가·언론인 등이 포함된 자문기구인 '순천만자연생태위원회'를 구성하고, 순천만 자연생태계 관련 각종 정책 자문·지역 주민 의견 수렴·순천만의 효율적인 보전 및 이용 방안에 대해 논의해 왔다. 핵심 부서 외에 순천시 관계자와 시민들의 순천만에 대한 인식을 증진시키고, 순천만 브랜드화를 위해 순천만 국제 심포지엄과 워크숍 등을 꾸준히 개최해 습지 및 철새 관리 정책에 기여하는 한편, 순천만의 효율적 보전과 이용 계획을 위한 환경운동연합, WLI(국제습지연대회의) 등과 MOU를 체결하여 정책 자문과 국제협력사업도 다각적으로 추진하였다.

한편, 시의 상징물을 비둘기에서 흑두루미로 교체하고 순천교육청과 순천만 현장체험교육을 위한 MOU를 추진했으며, '순천만 갯벌 생태 안내인' 양성 프로그램 추진 및 자원봉사 운영으로 전문성을 지속적으로 습득하게 하고, 생태 관광을 추구하는 순천만의 특성을 고려한 내부 전문 인력 양성을 동시에 추구하였다.

순천만의 세계화를 위해 2008년 람사르 총회 기념 세계 습지 NGO대회 유치와 공식 방문지 활용, 국제습지연대(Wetland Link International) 아시아 지역

2008년 순천에서 개최된
세계 습지 NGO대회

한국과 일본의 갯벌학자들이 순천만의 갯벌 생물을 관찰하고 있다.

회의 개최, 연안 국제 심포지엄, 한·일 갯벌 공동 심포지엄, 세계자연유산 지정 활동 등 각종 국제 행사를 지속적으로 추진하며 국제적인 관심을 이끌어 내고 순천만 브랜드화에 크게 기여하였다.

　순천만의 생태 관광 노하우를 배우기 위해 국내 기관·단체뿐만 아니라 일본과 중국, 인도와 말레이시아, 필리핀 등 아시아 지역의 습지 관리자와 공무원, NGO 등이 순천만에 꾸준히 방문하고 있다.

넘쳐나는 관광객들로부터 순천만 보호

순천시는 언론의 주목을 끌기 위한 다양한 이벤트와 국제적 행사 유치, 적극적인 홍보 활동으로 많은 관광객을 불러 모으는 데 성공하였다. 2008년 창원 람사르 총회 이후 매년 200만 명의 탐방객이 다녀가는 등 비수기가 없어졌다. 하지만 너무 많은 생태 관광객들이 순천만 핵심 지역으로 들어가면서 순천만 훼손을 걱정하는 우려의 목소리가 여기저기 제기되었다.

순천시에서는 2007년 순천만의 효율적 보전 및 지속 가능한 이용 방안 연구 용역을 수행하였고, 순천만 자연생태자원의 보전을 위해 국내외 환경단체와 MOU 체결로 환경정책의 내용적 측면을 보완하였다. 토지 이용에 있어서 순천만과 발원지를 연결하는 동천수계를 중심 생태축으로 설정하고 핵심 보전 지역과 전이 지역, 완충 지역 등으로 구분하여 보전과 지속 가능한 이용 방안의 틀을 마련하였다.

많은 사람들이 찾아오는 순천만 자연생태공원

순천시는 방문객 탐방 시설로 이용되고 있는 순천만 자연생태관 기능을 약 5 km 후방인 시내권으로 옮겨 습지에 대한 교육과 전시 등을 담당할 '순천만 국제 습지센터' 건립을 추진하였다. 이와 함께 2008년 6월 개정된 '순천만 자연생태 공원 운영 조례'에 의거, 2011년부터는 순천만 습지 관람료를 징수해 방문객 수 를 조절하고자 했다.

그리고 순천만 철새들의 안정적인 보금자리 환경을 조성하기 위해 '개발' 보 다는 온전한 생태자원을 후손에게 물려주기 위한 '보전'에 초점을 두었다. 순천 만 핵심 보호 지역 내에 위치하는 식당들과 주거 시설의 이전 · 겨울철 탐방객 차량 출입 제한을 위한 농경로 폐쇄 · 낚시 어선 보상 · 오리 사육장 보상 철거 등 순천만 인근 환경 저해 시설을 정비하고, 강 하구 지역 내 옛 물길과 매립 지 · 농경지 · 둔치 지역의 습지 복원 · 생태 탐방로 조성을 추진하였다. 순천만 주변 농지와 식당, 준설토 야적장을 꾸준히 매입해 내륙 습지, 생태 공간 등으 로 복원하였다. 1940년대부터 민물장어와 짱뚱어탕 등을 판매했던 음식점과 어

무풍리 앞 갯벌가에서 갯벌체험하는 아이들

업인이 사용해 온 창고 건물 등 포구 주변 노후 건물 6개소를 순천시는 2006년 3월부터 1년여에 걸쳐 시설물 소유자를 이해 설득하여 손실 보상을 완료, 대립과 갈등관계를 최소화하고 무난하게 시설물을 철거하는 노력을 보여 주었다.

　대대선착장 일대는 순천만을 찾는 관광객들이 갈대숲을 가로지르는 보행 데크·용산전망대·탐사선을 이용하기 위한 관문으로, 철거 후 이 공간에 인공 습지 조성·수목의 재배치·순천만 쉼터·원두막 휴게 시설 등 설치 환경 정비를 함으로써 순천만을 찾는 관광객들에게 한층 더 쾌적한 편의시설을 제공하고 있다.

　2009년 4월에는 월동하는 흑두루미를 비롯한 철새 보호와 경관 생태계 개선을 위한 전신주 제거 작업이 시작되었다. 전깃줄에 부딪힌 어린 흑두루미가 죽는 불상사를 계기로 그 동안 전기 모터를 이용해 농업 용수를 공급받던 농민들이 시와 함께 영농지원단을 구성하여 유류 양수기로 농업 용수를 공급받아 농사를 짓고 있다. 해마다 전봇대가 제거된 60여 ha의 농경지는 철새농업지구로, 무농약 친환경 농사를 짓고 흑미 등을 심어 흑두루미 그림과 글씨 등의 대지아트를 선보여 관광객들에게 신선한 볼거리와 건강한 먹거리를 제공하고 있다.

해마다 순천만에 날아오는 다양한 철새들을 보호하고 순천만 인근의 농민들의 농작물 피해를 해소하기 위하여 철새 서식으로 발생하는 농작물의 피해를 보상할 수 있는 환경부 '생물 다양성 관리계약 제도'를 2005년부터 꾸준히 실시하고 매년 면적을 늘려나가고 있다. '생물 다양성 관리계약'이란, 철새 등 야생 동식물 보호에 필요한 지역을 보전하기 위해 토지 경작자나 소유자와 관리 방법 등을 자율 계약하고 지방자치단체가 이를 보상하는 제도이다. 계약을 맺은 농민들은 벼 수확 후 가을 논갈이와 농업 부산물을 소각하면 안 되며, 볏짚을 거둬들이지 않고 10~15cm가량으로 잘라서 논바닥에 골고루 뿌려 주어 미생

순천만 흑두루미 이야기 공연

물이 살 수 있는 환경을 마련해 줌으로써 철새들의 먹이활동을 돕고 서식지를 보호하는 제도이다.

순천시는 세계적으로 브랜드의 가치가 있는 순천만을 지역의 대표 관광자원으로 가꿔 다양한 문화재와 경관, 관광 요소와 유기적 결합을 통해 '생태 관광 활성화'라는 시너지 효과를 내고 있다. '2013 순천만 국제정원박람회'는 잘 보전된 습지를 넘어 도시 전체를 생태도시로 바꾸려는 행정 차원에서 지향하는 바다.

순천만 자연생태공원 건립으로부터 10년이 지나가고 있다. 순천시가 일궈 낸 성과는 분명 칭찬받고 계승해야 한다. 하지만, 순천만의 고유한 자연자원을 보존·관리하고, 지역민과 함께 공생하는 데에는 부족함이 있다. 옛것을 살피되 옛것만을 고집하지 않고 참고하여 새것을 만들어 내는 발상의 전환 '변례창신(變例創新)'의 경영 마인드가 필요한 시점이다. 여전히 순천만의 현명한 이용과 보전은 고민하고 연구하며, 주민과 시민단체·행정 모두가 풀어가야 할 미완의 숙제로 남아 있다.

대대들녘에 흑미로 그린 흑두루미 한 쌍

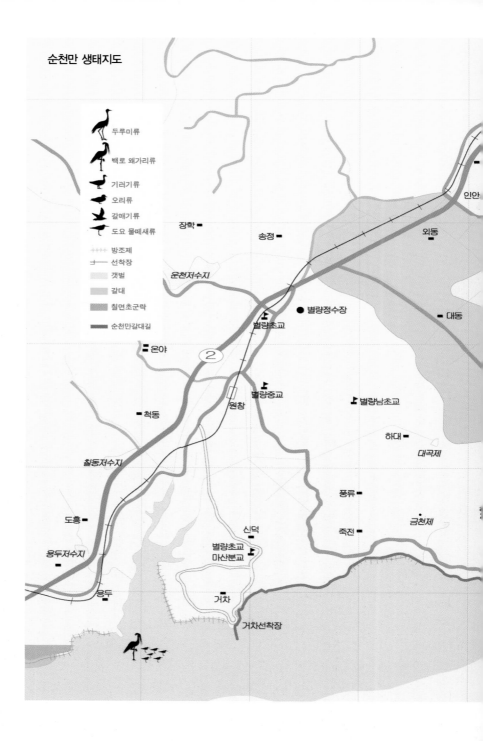

순천만 생태지도

두루미류
백로 왜가리류
기러기류
오리류
갈매기류
도요 물떼새류
방조제
선착장
갯벌
갈대
칠면초군락
순천만갈대길

장학
송정
운천저수지
별량정수장
별량초교
온야
②
별량중교
원창
별량남초교
척동
하대
대곡제
칠동저수지
풍류
도홍
죽전
금천제
응두저수지
신덕
별량초교
마산분교
응두
거차
거차선착장
인안
외동
대동

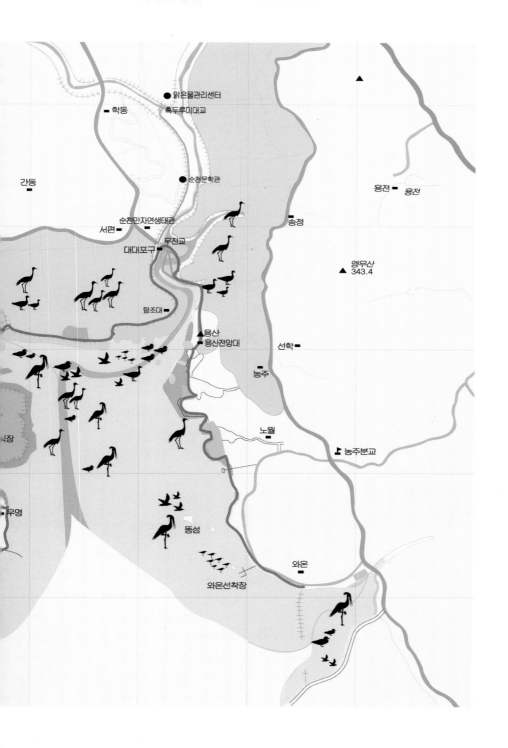

맑은물관리센터

학동

흑두루미대교

간동

순천문학관

용전　용전

순천만자연생태관

서편

송정

무진교

대대포구

앵무산
343.4

탐조대

용산
용산전망대

선학

농주

노월

농주분교

우명

똥섬

와온

와온선착장

참고 문헌

김수일, 「제1회 순천만갈대제 순천만 환경보전을 위한 학술심포지엄」, 「순천만 조류 환경과 생태공원화 방안」, 전남동부지역사회연구소, 1997

김인철 외, 「2011 생명의 땅, 순천만 철새 조사 보고서」, 순천시, 2011

노 순, 《우리 고장 문화역사 강좌》, 전남동부지역사회연구소, 2012

순천시, 「2009 한·일 갯벌 국제 공동 학술대회 및 순천만 갯벌 조사 최종 보고서」, 순천시, 2010

순천시, 「세계 5대 연안 습지 순천만」, 태광미디어, 2009

순천시, 「순천만 효율적 보전 및 지속 가능한 이용 방안 연구」, 순천시, 2008

장채열 외, 「순천만 생태 보전 활동 자료 모음집」, 「순천만백서」, 순천시그린순천21추진협의회, 2008

전남동부지역사회연구소(편), 《지역과 전망 제10집》, 일월서각, 1997

전남동부지역사회연구소(편), 《지역과 전망 제11집》, 일월서각, 1999

전남동부지역사회연구소(편), 《지역과 전망 제12집》, 도서출판 구유, 2000

전남동부지역사회연구소(편), 《지역과 전망 제13집》, 도서출판 구유, 2002

전남동부지역사회연구소(편), 《지역과 전망 제14집》, 금성정보출판사, 2005

전남문화재연구원, 「순천만 자연생태공원 내 문화 유적 지표 조사 보고」, 2001

진인호 외, 「순천만 심원에서 대대포구까지」, 순천시, 2008

홍재상, 「한국의 갯벌」, 대원사, 1998

순천만갯벌지기단 http://cafe.daum.net/durumi11

빛깔있는 책들 301-44

순천만

초판 1쇄 인쇄 | 2013년 11월 15일
초판 1쇄 발행 | 2013년 11월 25일

글 | 김인철 · 장채열
사진 | 이돈기

발 행 인 | 김남석
편 집 이 사 | 김정옥
편집디자인 | 임세희
전   무 | 정만성
영 업 부 장 | 이현석

발행처 | (주)대원사
주   소 | 135-945 서울시 강남구 양재대로 55길 37, 302(일원동 대도빌딩)
전   화 | (02)757-6711, 757-6717~6719
팩시밀리 | (02)775-8043
등록번호 | 등록 제3-191호
홈페이지 | www.daewonsa.co.kr

값 9,800원

Daewonsa Publishing Co., Ltd.
Printed In Korea 2013

ISBN 978-89-369-0279-7 04980

국립중앙도서관 출판시 도서목록은 e-CIP홈페이지(http://www.nl.go.kr/ecip)에서
이용하실 수 있습니다. (CIP제어번호 : 2013023147)

빛깔있는 책들